科普图书馆

"科学就在你身边"系列

究竟是谁惹的祸

——地球自然灾害

总 主 编 杨广军

副总主编 朱焯炜 章振华 张兴娟

胡 俊 黄晓春 徐永存

本册主编 陈 昕

本册副主编 卞宝安 朱焯炜

上海科学普及出版社

图书在版编目（CIP）数据

究竟是谁惹的祸：地球自然灾害/杨广军主编.—上海：
上海科学普及出版社，2014.1（2018.4 重印）
ISBN 978-7-5427-5981-8

Ⅰ.①究… Ⅱ.①杨… Ⅲ.①自然灾害—普及读物
Ⅳ.①X43-49

中国版本图书馆 CIP 数据核字(2013)第 289420 号

组　　稿　胡名正　徐丽萍
责任编辑　徐丽萍
统　　筹　刘湘雯

"科学就在你身边"系列
究竟是谁惹的祸
——地球自然灾害
总主编　杨广军
副总主编　朱焯炜　章振华　张兴娟
胡　俊　黄晓春　徐永存
本册主编　陈　昕
本册副主编　卞宝安　朱焯炜
上海科学普及出版社出版发行
（上海中山北路 832 号　邮政编码 200070）
http://www.pspsh.com

各地新华书店经销　北京昌平新兴胶印厂
开本 787×1092　1/16　印张 15　字数 230 000
2014 年 1 月第 1 版　2018 年 4 月第 2 次印刷

ISBN 978-7-5427-5981-8　定价：29.80 元

卷首语

地震、海啸、飓风、洪水，恣意肆虐的自然灾害无情地吞噬着成千上万人的生命……2008 年南方的雪灾，阻断了人们的回家之路……2008 年的四川汶川大地震，在中华大地上造成了空前的劫难；但是南方的雪灾、汶川的地震，压不垮我们的脊梁；自然灾害面前的搏击，凝聚着众志成城的意志；万众一心的奉献，表明着中华民族团结的力量。

本书将介绍各种灾害发生的前因后果、相关的科学知识、应对策略。探寻现代化进程中以自然灾害为特征的生态系统的变迁，为寻求人与自然的协调发展提供历史的借鉴。

目 录

天有不测风云——天气引起的自然灾害

农作物“杀手”——霜冻 …………………………………………………… (3)
西伯利亚的不速之客——寒潮 ……………………………………………… (9)
减速慢行——雾 ……………………………………………………………… (17)
橙色预警——雪灾 …………………………………………………………… (23)
海洋灾害之首——风暴潮 …………………………………………………… (29)
岛国的未来——海平面上升 ………………………………………………… (34)
空中的陀螺——热带气旋 …………………………………………………… (40)
沿海城市的“克星”——台风和飓风 ………………………………………… (46)
空中巨龙——龙卷风 ………………………………………………………… (53)
天灾还是“人祸”——洪水 …………………………………………………… (60)
天上掉“炸弹”——冰雹 ……………………………………………………… (68)
自然对人类的惩罚——沙尘暴 ……………………………………………… (73)
饥渴的大地——旱灾 ………………………………………………………… (83)
滴水成冰——冻雨 …………………………………………………………… (89)

不安分的挤压——板块运动引起的自然灾害

来自地心的咆哮——地震 …………………………………… (95)
发怒的大海——海啸 ………………………………………… (101)
地球热能的释放——火山爆发 ……………………………… (105)
地下巨龙翻身——山崩 ……………………………………… (112)
植被破坏的惨剧——滑坡 …………………………………… (117)
瞬间的掩埋——泥石流 ……………………………………… (121)
是天灾还是人祸——地面塌陷 ……………………………… (128)

这是谁惹的祸——多样的自然灾害

破坏地面完整的"元凶"——水土流失 ……………………… (135)
良田变沙漠——荒漠化 ……………………………………… (144)
登山者的死神之吻——雪崩 ………………………………… (155)
低海拔国家的危机——冰川融化 …………………………… (160)
来自太阳的"恩赐"——太阳风暴 …………………………… (167)
是谁中断了卫星信号——日凌 ……………………………… (172)
都是氟利昂惹的祸——臭氧层空洞 ………………………… (176)
来自太空的"礼物"——陨石 ………………………………… (182)
不可忽视的小虫子——森林病虫害 ………………………… (186)
星星之火可以燎原——森林火灾 …………………………… (190)

惨不忍睹——令人刻骨铭心的自然灾害

历史凝固在 1976 年——唐山大地震 ……………………… (197)

众志成城——汶川抗震救灾 …………………………………………（205）
世界聚焦之地——海地大地震 ………………………………………（217）
让我们紧紧携手——抗击 2008 冰雪灾害 …………………………（225）

天有不测风云

——天气引起的自然灾害

“下雪啦！猛然一抬头，望见窗外正漫天飞舞着雪片，走到窗前，凝望许久……在不经意间纷纷扬扬地飘落的白色精灵，在用它的美丽告诉人们，秋已去，冬天就这样悄然地来了。那美丽的天使，轻轻地飘落在楼前参天古槐的树叶上，花坛里的花瓣上，像一床白色的棉被罩在草丛中。然后，只片刻间，又有很多融进了大地，滴在人们的心境里。”这是雪带给我们的感受。那么雨呢？风呢？

然而，大自然没有我们想象的那么温顺。随着经济的发展，人类追求利益的最大化，而忽视了环境的保护。沙尘暴、龙卷风、洪水、干旱……大自然每一次的报复，都在为人类敲响警钟：生命是脆弱的，地球只有一个。

农作物“杀手”——霜冻

◆霜冻对农业有一定的影响

霜冻通常指秋季或者春季，作物生长旺盛末期或者生长初期发生的冻害，主要发生在我国北方地区。它是由于强冷空气活动等原因导致近地面气温或地温、作物表面温度骤降到0℃以下，植物体原生质受到破坏，导致植株受害或者死亡的天气现象。所以，霜冻并不是因为有霜出现才对农作物产生冻害，而是出现霜冻时温度低于农作物所能耐受的最低温限度，从而使农作物受害。

霜冻是如何形成的

◆耐寒作物一般能抵抗霜冻

对于喜温作物，霜冻会使细胞原生质直接结冰，导致死亡；对于耐寒作物，会在降温中使原生质脱水至胞间结冰，而原生质在0℃以下不结冰，保持着过冷却状态，但若出现过强降温，因胞间冰晶反常膨胀，将造成细胞损伤，或胞水过多使原生质浓度过大，致使细胞内的三磷酸腺苷合成受阻，至中毒死亡。一般霜后常常会出现急剧增温，使胞间冰晶迅速融化或蒸发，植株又会因失水而萎蔫。

◆霜冻后的马铃薯植株

霜冻的形成有三种原因。一是平流霜。它是由于强冷空气的侵入，受冷平流影响所致。二是辐射霜。它在天气晴朗的夜晚，由于地面强烈的辐射冷却所致。三是平流兼辐射霜。它是平流降温和夜间地面辐射冷却共同作用而导致。然而，由于近地面产生霜冻时空气湿度有差异，若湿度大，在降温中近地面水汽达到饱和，就会在地面凝结成冰晶，就是通常所说的“白霜”；若湿度很小，地面水汽达不到饱和，不出现冰晶，被称为“黑霜”。从表面上看，白霜对作物的影响更大，其实不然。水汽在形成冰晶时，需要释放出潜热，加之其冰晶层有隔热的作用，使降温不那么剧烈，这样冻害反而减轻。而黑霜，由于无水汽凝结，无潜热提供，容易使人们产生麻痹情绪，往往导致严重危害。

◆蔬菜大棚可以抵御霜冻

为了防御霜冻危害，一般应选择抗寒力较强的或生长期较短的作物品种，或调整适宜的播种期，使作物提早成熟，以避开霜冻。若出现霜冻，可采取熏烟法，即燃烧易形成烟雾的植物废弃物，既能增加近地层温度，又能形成烟幕抑制辐射冷却；也可在霜冻发生的前一天进行田间灌溉，增加土壤的水分含量、热容量，使土壤升温、降温幅度减小，发生霜冻后危害小。此外，还可在作物表面加上覆盖物，既防外来冷空气侵袭，又减少地面长波辐射冷却。

知 识 窗

霜冻的时间分布

霜冻一般开始于秋季，称为早霜冻；止于翌年春季，称为晚霜冻。秋季开始发生霜冻的第一日称初霜冻日，春季最后发生霜冻的一日称终霜冻日。终霜冻日与初霜冻日之间的天数称无霜期，可以用作一地农业气候资源的衡量尺度之一，是农作物的生长季节。

霜和霜冻是一个概念吗?

人们常把霜和霜冻混为一谈，其实霜和霜冻是两个不同的概念，它们之间有着根本的区别。通常，当地面或近地面空气温度下降到0℃以下时，近地层空气中的水汽就在地面和地面物体表面直接凝华成白色的像冰屑一样的晶体，这种结晶物就叫做霜。霜本身对农作物并无直接影响，但结霜时的低温却会引起农作物冻害。对于霜冻的理解，关键是在于“冻”，而不在于“霜”。因为有霜出现时，如果环境温度不太低，或者作物抗寒能力较强，作物也可能不致受到冻害。相反，没有霜出现农作物并不一定不受危害，如热带、亚热带喜温作物在温度并不很低的情况下就会受到冻害；另外，由于空气中水汽太少，温度虽然已经降到0℃以下，也可能不生成霜。

◆挂满霜的樱桃

积极开展人工防霜冻

霜冻是指在农作物生育期内，因土壤和作物表面的温度降低到某一定程度（一般低于0℃），使农作物受害或死亡的现象。这是农业的主要灾害之一。人们为减弱辐射冷却或增加热量，以达到避免和减少霜冻的目的，采取了很多技术措施，以提高近地面层空气和土壤表面的温度，使农作物免受霜冻危害。

烟雾法

烟雾齐燃烧时，产生的烟雾能减少辐射冷却，燃烧放出的热量和空气中水汽在凝结核上凝结时放出的潜热，能提高近地面层的气温。根据理论计算，当近地面的空气存在逆温时，在风速为1米/秒的条件下，此法能使气温提高2～3℃。实验表明：增温效果一般为0.5～1℃，最高可达2℃；在风速大于3米/秒时，此法无效。我国一般采用的烟雾剂由硝酸铵、木屑、沥青和废柴油等配制而成。

结冰法

在农作物上连续洒水，使其表面裹上一层水膜，水膜结冰时放出的潜热，使作物的温度维持在0℃左右。日本试验的结果表明：洒水间隔为60秒，洒水量为每小时4～5毫米（水膜厚皮）较好。此法在环境温度低于−4℃，就很难使作物的温度维持在0℃左右。

知 识 库

霜冻的空间分布

我国各地霜冻开始和终止时间，因地形、海拔高度和所处纬度的不同而不尽一致。一般情况，早霜冻（即秋霜冻）开始出现的时间，海拔高度越高越早，纬度越高越早，低洼（谷地）地早；反之则晚。

风机法

在晴朗无风的夜晚，地面因强烈辐射而冷却，造成近地面空气的逆温现象。这时若用风机吹风，使上层的暖空气和下层的冷空气混合，就能提高近地面层的气温。风机防霜冻的效果，主要取决于被混合层的逆温强度和风机的性能，也与被保护的农作物的类型有关。

霜和霜冻是秋冬季节的天气现象。霜冻多在春秋转换季节，白天气温高于0℃，夜间气温短时间降至0℃以下，而造成的低温危害现象。

加热法

用燃料在地面燃烧，直接加热空气，防止霜冻发生。广泛采用的果园加热炉，以石油为主要燃料，效果比较好。

此外，常用的防霜冻方法还有覆盖、灌水或用泡沫剂发泡包覆植物的叶面等方法。所有上述方法，对防御小面积的弱霜冻有一定的效果。至于防御大面积霜冻，还没有行之有效的办法。且由于历年初霜冻和终霜冻的日期差异很大，仍不能完全避免霜冻的危害。

小知识——升华与凝华

◆干冰就是固态的二氧化碳

在物态变化中，升华和凝华是两种比较特殊的过程，它们是物质在固态和气态之间不经其他状态（液态）直接发生的物态变化。所以，这就成为区分是不是升华和凝华现象的一个重要标准。

人工降雨是将干冰（固态的二氧化碳）打入冷云层，干冰很快升华，并从周围吸收大量的热，使空气温度急剧下降，高空中的水蒸气凝华成小冰粒，小冰粒逐渐变大下落，下落中遇到暖气流熔化为雨点降落到地面。利用干冰使运输中的食品降温，防止食物变质，也是利用了同一原理。

1. 注意观察你身边的事物，你见过霜冻吗？
2. 什么是霜冻？霜冻是如何形成的？
3. 怎样可以预防蔬菜遭受霜冻危害？霜和霜冻是同一个概念吗？
4. 你能说说防霜冻的几种方法吗？

西伯利亚的不速之客——寒潮

西伯利亚的寒潮，这是什么样的风暴？还有谁，有这样铁腕和强权？从高空压下来，宛如强大的车队，疾驰而过，肆虐之处，村庄的欢颜尽失；倾述和表达，涂抹在死亡的眼睑。谁的意志，这样的强悍和野蛮，一路呼啸南下，血腥的屠戮和摧残，宛如暴君的疯狂和残暴。没有峰峦能够抵挡它的铁蹄，像泥丸一样跨过；就是权威的低纬度，也将太阳和热度收藏，挂出投降的白旗，任由暴君的战车，肆意狂奔，踏花成泥。（雪山的鹰/文）

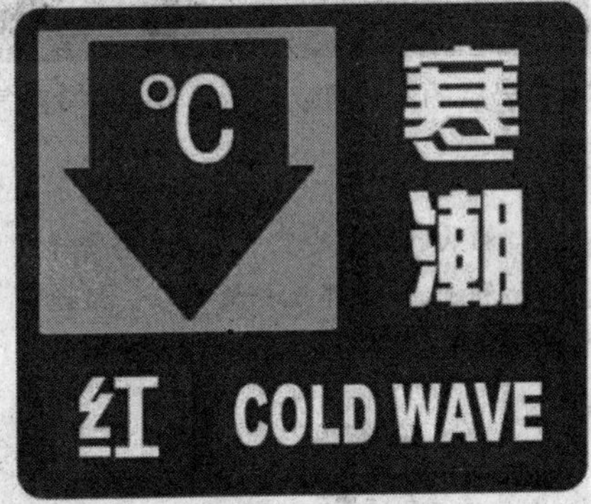

◆寒潮红色预警

急剧降温——寒潮来袭

寒潮是冬季的一种灾害性天气，人们习惯把寒潮称为寒流。所谓寒潮，就是北方的冷空气大规模地向南侵袭，造成大范围急剧降温和偏北大风的天气过程。寒潮一般多发生在秋末、冬季、初春时节。我国气象部门规定：冷空气侵入造成的降温，一天内达到 10℃以上，而且最低气温在 5℃以下，则称此冷空气爆发过程为一次寒潮过程。可见，并不是每一次冷空气南下都称为寒潮。

◆汽车也遭遇寒潮

◆看云层的变化可以判断是否会有冷空气

冷空气和暖空气是从气温水平方向上的差别来定义的，即位于低温区空气称为冷空气。冷空气多数在极地与西伯利亚大陆上形成，其范围纵横长达数千千米，厚度达几千米到几十千米。冷空气过境会带来雨、雪等，使温度陡然下降。这种冷空气南侵过程达到了一定标准时，才称为寒潮，否则称为冷空气。

影响我国的冷空气有95%都要经过西伯利亚，并在那里积聚加强，该地区成为“关键区”。

我国位于欧亚大陆的东南部。从我国往北去，就是蒙古国和俄罗斯的西伯利亚。西伯利亚是气候寒冷的地方，再往北去，就到了地球最北的地区——北极了。那里比西伯利亚地区更冷，寒冷期更长。影响我国的寒潮就是从那些地方形成的。

小知识——寒潮雨凇

◆雨雪冰冻对电力的影响

一般在初冬或冬末初春季节，寒潮降温天气产生的云中过冷却液态降水碰到地面物体后会直接冻结成冰，形成雨凇。冬春季我们经常可以看到电线、树枝上有一层晶莹的冰雪包裹或悬挂，这就是雨凇。有人将雨凇等同于冻雨，尽管雨凇和冻雨形成的物理机制和结果确实是相同的，但仍有一定区别。冻雨是一种天气现象，而雨凇是冻雨的结果，是一种灾害或景观。

在多数情况下，雨凇是一种灾害性的天气现象。严重的雨凇厚度可达几厘米，能压断树木、电线和电杆，造成供电和通讯中断，妨碍公路和铁路交通，威胁飞机飞行安全。

积极防御冻害

◆大棚的保温加固

可以在冬季低温来临前和降温期间采用多种防寒抗冻措施。目前应用的防冻措施可分为如下三种类型：

露天增温法：利用一切条件提高近地面层温度，如布设烟堆、安装鼓风机等，打乱逆温层，对近地层有显著的增温效果，其中熏烟一般能提高近地层温度1～2℃。

覆盖法：利用覆盖物保护植物体的地上部位或地下怕冻部位，减少地面长波辐射，防御寒风侵袭，从而起到防寒作用。覆盖有水平和垂直覆盖两种，其中有直接覆盖在作物上或果树上的，有搭棚覆盖的，还有采用包扎式的。风障对防御冻害也有较好效果，可以根据实际情况采用不同类型和不同倾角的风障设计。

点　击

喷化学药剂：主要用于果树防冻。喷化学药剂防御冻害，就是利用生长激素控制果树生长规律，增强抗冻能力。化学方法防御冻害是一种应急措施，必须掌握短期的寒潮降温预报。

广角镜——寒潮也有有益的影响

很少被人提起的是，寒潮也有有益的影响。气象学家认为，寒潮是风调雨顺的保障。我国受季风影响，冬天气候干旱，为枯水期。但每当寒潮南侵时，常会带来大范围的雨雪天气，缓解了冬天的旱情，使农作物受益。“瑞雪兆丰年”这句农谚为什么能在民间千古流传？这是因为雪水中的氮化物含量高，是普通水的5倍以上，可使土壤中氮素大幅度提高。雪水还能加速土壤有机物质分解，从而增加土中有机肥料。大雪覆盖在越冬农作物上，就像棉被一样起到抗寒保温作用。

◆寒冬不寒，来年不丰

寒潮的严重危害

寒潮是我国的主要灾害性天气。它在不同季节形成不同天气，其中有几种天气对国民经济危害较大。冬季寒潮造成急剧降温会冻裂工矿中的各种管道和阀门，还可酿成火灾水灾，致使停工停产。我国南方的经济作物也最怕冻害，橡胶树在5℃以下低温时，会使主干爆皮流胶，甚至全部干枯；柑橘遇－9℃以下低温时，就会产生冻害。就连急性心肌梗死，在寒潮集中时段也容易频发。春季寒潮南下，在长江以南与暖湿空气对峙，便造成连续低温阴雨。它对早稻影响最大，只要日平均气温低于12℃，最低气温低于8℃，持续3天以上，并伴有阴雨，就会发生冷害，引起芽种霉

◆广西昭平高山茶园遭受严重冻害

烂或烂秧。

◆广西柳州融安因冰雨天气，光缆上结满了冰，变粗数十倍

寒潮可造成雪灾。例如1983年12月21～28日，春城昆明连续下了近30个小时的大雪，积雪达36厘米，破500年来的记录，大雪使西南铁路中断2天。北方牧区更是常遇风雪天气而酿成“白灾”，造成牲畜大量死亡。

◆北京丰台区一巨型立柱广告牌被大风刮倒

寒潮还可造成晚春的雷暴冰雹。例如1983年4月27～28日的寒潮，使长江以南的7个省市下了冰雹，其中仅湖南省就有68个县市发生暴雹天气，冰雹最大直径60毫米，打坏秧苗2万多公顷，毁坏作物9万多公顷。

寒潮大风造成的灾害主要取决于风力和大风持续的时间。据多年大风过程统计，我国沿海较内陆大风时间长，北方较南方大风时间长，偏北大风比偏南大风持续时间长。寒潮大风对农业生产、渔业生产、航运和军事活动等都会造成很大影响，严重的可酿成灾害，给国民经济带来巨大的损失。

知识库

寒潮的副产品——冻雨

冻雨是在冬季和春秋寒潮中形成的，且高山比平原多。冻雨最大的危害是压断电线，拉倒电杆，造成通信和输电中断；交通受阻，事故频发；甚至牧区的母畜吃了有冻雨的草也会引起流产。

寒潮逼人谨防3种病

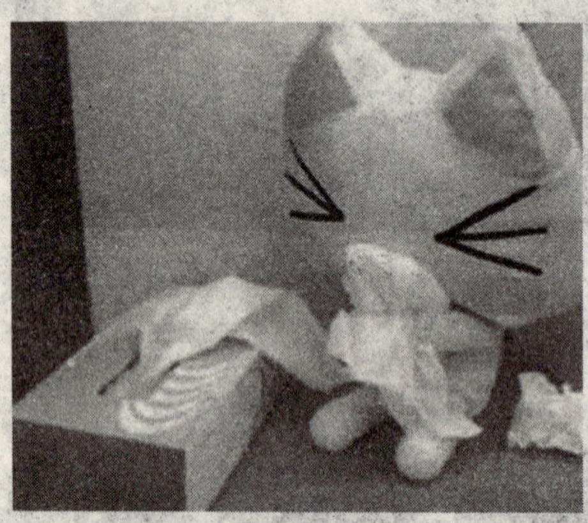

◆寒潮来临，谨防感冒

由寒潮带来的严寒、大风、霜冻等恶劣天气，给人们的生活带来很多影响，以下就寒潮容易引发的人体疾病和防御措施一一作介绍。

寒潮对感冒的影响。寒潮对人体健康有很大影响，是导致感冒流行的重要因素。寒潮到来时，感冒病人大增，慢性气管炎、哮喘病患者也往往病情复发或加重。寒潮所致的暴冷气候使空气的温度显著降低，鼻咽部的局部黏膜变得干燥，以致发生细小的破裂，感冒病毒便乘虚而入。同时，由于气温下降，鼻咽部的局部温度降至32℃左右。这样的温度正适合黏膜裂口内的病毒生长繁殖。另外，由于寒潮袭击前后的2～3天内，平均气温和最低气温骤然下降，人的体温调节功能对这种突如其来的寒冷刺激难以适应，如果未能及时添加衣服，就特别容易受凉，引起机体抵抗力下降，给不同类型的感冒病毒入侵以可乘之机。

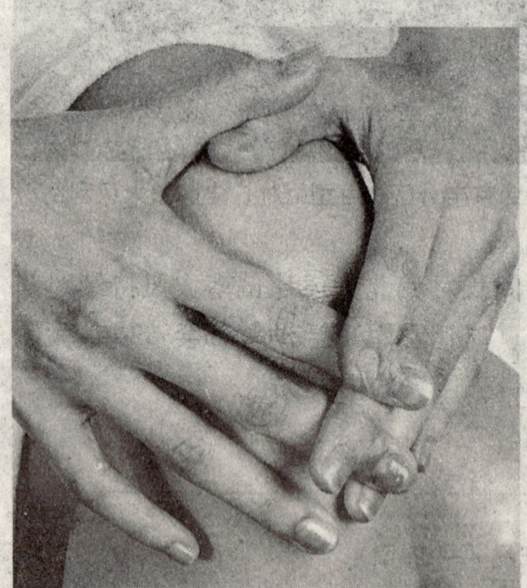

◆寒潮天气易诱发关节痛

寒潮天气易诱发关节痛。当遇到寒潮天气时，温度往往会下降8℃以上，这样大幅降温容易诱发关节痛，所以广大朋友们要根据天气变化，适时增减衣服免受寒潮的侵袭。运动后汗湿的衣服要立即换下，擦干汗水，以免受寒。

寒潮易诱发心血管疾病。心血管疾病患者对寒潮最为敏感。这是由于

寒冷的刺激，使人体血管突然收缩，动脉平均压力升高，心肌需氧指数也相应增高，心肌缺氧现象加重，心血管病的发病率和死亡率便明显升高。因此心血管病患者需要时时关注气象信息，当有寒潮天气出现时，要及时增加衣服，避免受凉。

点 击

为了预防和减轻寒潮对心血管疾病的不利影响，患者平时要注意加强耐寒锻炼，增强体质，改善心脏功能，提高机体免疫力。

小知识——“立冬”节气

“立冬”节气在每年的公历 11 月 8 日前后。立冬不仅仅表示了冬天的来临，还有万物收藏、规避寒冷的意思。天文专家表示，习惯上，我国民间常把这一天当作冬季的开始。由于我国南北纬度之差，因此真正意义上的冬季并非都以“立冬”为准，而是以连续几天气温低于 10℃为标准。立冬时节，南方地区绵雨基本已结束，平均气温一般在 12～15℃，所以一般还不太冷。晴朗无风之时，常有温暖舒适的“小阳春”天气。但是，这时北方冷空气常频频南袭，可形成伴有雨雪的寒潮天气。高原地区已进入干季，湿度迅减，风速渐增。天文专家提醒说，每年的秋冬季节交替之际往往会呈现气候干燥、天气变化频繁等特点，人们要注意保暖防病。

◆每年公历的 11 月 8 日前后，太阳黄经为 225 度，斗指西北，为立冬节气，习惯上，我国民间把这一天当作冬季的开始。立冬这天的当令食品是饺子，因为饺子源于“交子之时”

1. 你所在的城市经历过寒潮吗?
2. 什么是寒潮?一天内温度要下降几摄氏度以上才能算是真正的寒潮?
3. 发生了寒潮有什么危害?
4. 为了防治寒潮破坏植被或种植的蔬菜,人们采取什么方法抵御寒潮?

减速慢行——雾

清晨，从睡梦中醒来，一阵阵凉意侵入心骨，站在阳台上一看，眼前雪白一片，如同轻纱蒙蔽了双眼。哦，原来是起雾了。在雾里看世界就如同在水中望月亮，都会因为朦胧而显得格外美丽。

◆大雾红色预警

雾是一种出现在秋冬季节的天气现象。它是悬浮于近地面层中的大量水滴或冰晶，使水平能见度小于1千米的现象。雾的形成有两个基本条件，一是近地面空气中的水蒸气含量充沛，二是地面气温低。北京的冬季和初春，由于北方来的冷空气与南方来的暖湿空气经常在华北交汇，在其交界处极易出现雾蒙蒙的天气。

雾形成的条件

雾形成的条件一是冷却，二是加湿，三是有凝结核。一种是由辐射冷却形成的，多数出现在晴朗、微风、近地面水汽比较充沛且比较稳定或有逆温存在的夜间和清晨，气象上叫辐射雾；另一种是暖而湿的空气作水平运动，经过寒冷的地面或水面，逐渐冷却而形成的雾，气象上叫做平流雾；有时兼有两种原因形成的雾叫混合雾。可以看出，具备这些条件的就是深秋初冬，尤其是深秋初冬的早晨。

我们还可以看到一种蒸发雾。即冷空气流经温暖水面，如果气温与水温相差很大，则因水面蒸发大量水汽，在水面附近的冷空气便发生水汽凝结成雾。这时雾层上往往有逆温层存在，否则对流会使雾消散。所以蒸发

◆雾中的早晨多美丽啊

雾范围小，强度弱，一般发生在下半年的水塘周围。

城市中的烟雾是另一种原因所造成的，那就是人类的活动。冬季的早晨和晚上正是供暖锅炉工作的高峰期，大量排放的烟尘悬浮物和汽车尾气等污染物在低气压、风小的条件下，不易扩散，与低层空气中的水汽相结合，比较容易形成烟尘（雾），而这种烟尘（雾）持续时间往往较长。伦敦就曾因此而被称为“雾都”。

科技文件夹

雾是如何消散的？

雾消散的原因，一是由于下垫面的增温，雾滴蒸发；二是风速增大，将雾吹散或抬升成云；再有就是湍流混合，水汽上传，热量下递，近地层雾滴蒸发。

雾天能锻炼身体吗?

◆在浓雾中锻炼身体不利健康

有些人锻炼身体很有毅力，不论什么天气，从不间断。其实，有毅力是好事，但天天坚持也未必正确，比如雾天锻炼就有些得不偿失。雾天，污染物与空气中的水汽相结合，变得不易扩散与沉降，这使得污染物大量聚集。如长时间滞留在这种环境中，人体会吸入有害物质，消耗营养，造成机体内损，极易诱发或加重疾病。尤其是一些患有支气管哮喘、肺炎等呼吸系统疾病的人，会出现血液循环阻碍，导致心血管疾病，如高血压、冠心病、脑溢血等。

温柔杀手——雾

浓雾不像风雨雷电那样惊心动魄，而是以“温柔杀手”的形式给社会经济和人民生活带来许多的不利影响和危害。

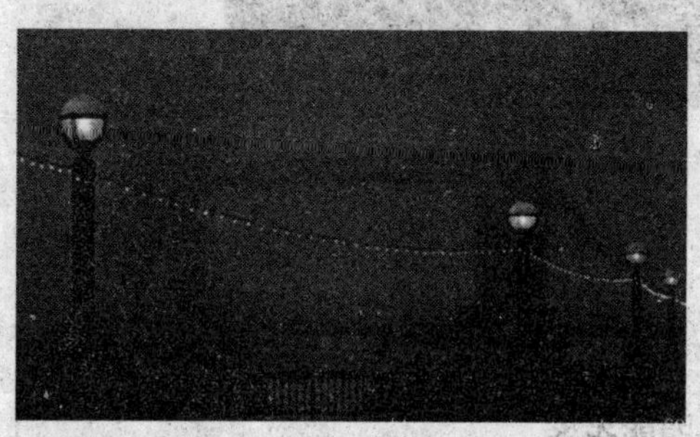

◆雾中的伦敦桥

对健康的影响

人类在工业生产活动中排放的粉尘、二氧化硫、烟尘以及汽车尾气等污染物，成为雾的凝结核，使空气中的有害物质酸、胺、酚、苯、重金属颗粒及病原微生物等的含量，比没有浓雾的天气里要高出几十倍。特别是受工业污染较重的区域，人们在这种有害烟雾中活动，健康势必受到影响。如1952年12月初，英国伦敦被浓雾所笼罩，燃煤产生的烟雾不断聚集，造

成了数千人死亡的“雾都惨案”。

对水陆空交通的影响

大雾会使空气的能见度降低，视野模糊不清，很容易引发交通事故、空难和海难。在公路上出现大雾，不仅会造成交通阻塞，甚至会发生汽车追尾事故，尤其是在山区公路和高速公路上。据统计，高速公路上因大雾等恶劣天气造成的交通事故，大约占总事故的1/4。对于航空影响更大，遇有大雾，须临时关闭机场，影响飞机的按时起飞和降落。由于我国航空业发展迅速，日吞吐量越来越大，若遇上大雾天气，飞机就无法正常或按时起降，大量航班就会延误，动辄就有成千上万的旅客滞留机场，造成很大的社会影响。在江河湖海上出现大雾，可影响船只正点起航或晚点到达，甚至因看不见信号灯、航标或其他航行的船只，造成船只相撞、触礁事故。

◆大雾影响交通

小知识

大气的能见度

能见度：是反映大气透明度的一个指标，能见度多少米定义为具有正常视力的人在当时的天气条件下还能够看清楚目标轮廓的最大距离。

对供电通信的影响

浓雾还会使电线受到“污染”，引起输电线路短路、跳闸、掉闸等故障，造成电网大面积断电，这种现象在电力部门叫做“雾闪”。“雾闪”可以很快使电力机车停运、工厂停产、市民生活断电。沿海地区的平流雾中含有大量盐分，遇到输电线路上的绝缘瓷瓶，盐分便会大量聚积，引发“雾闪”现象，从而也易造成断电事故。

◆雾闪对电力产生严重的影响

轶闻趣事——曾经的“雾都”

工业化时期的英国，伦敦素有世界“雾都”之称。1952年12月，伦敦的交通几乎全线瘫痪，在烟雾弥漫的第4天，一辆双层巴士终于能借助于雾灯缓慢地在市区行驶。伦敦的警察使用最原始的工具——燃烧着的火炬，才得以在烟雾中能看清别人和能被人看到。

◆如今美丽的伦敦塔桥

每当春秋之交，伦敦经常被浓雾所笼罩，像是披上一层神秘的面纱。在无风的季节，烟尘与雾气混合变成黄黑色雾，经常在伦敦上空笼罩多天不散，这就是曾经客居伦敦的老舍先生描绘过的“乌黑的、浑黄的、绛紫的，以致辛辣的、呛人的伦敦雾”。

据当时统计，伦敦的雾天，全年可高达七八十次，平均5天之中就有一个“雾日”。每当大雾降临，弥漫的大雾不仅影响交通，酿成事故，还直接危害人们的健康，甚至威胁人们的生命。

受到劫难的伦敦，痛苦地决定改造。一家家燃煤发电厂被关闭，原来大多数家庭燃煤来取暖，改成了用煤气或电。英国对环境的严厉管制，收到了良好的效果，如今每年夏天，英国不超过30℃的怡人温度，加上长长不夜的白昼，成为最吸引人的度假天堂之一。

广角镜——北国风光中的一朵奇葩

◆吉林美丽的雾凇

有一种景观叫雾凇，雾凇被称为北国风光中的一朵奇葩。雾凇是在有雾的寒冷天气里，雾滴冻结附着在草木和其他物体迎风面的疏松冻结层。雾凇在金灿灿的阳光的辉映下银光闪闪。雾凇来时“忽如一夜春风来，千树万树梨花开”；雾凇去时“无可奈何花落去，似曾相识燕归来”，真正的说来就来，说走就走，一派天地使者的凛凛之气。雾凇性情如此，难免有人偶遇之下陶醉其中，有人苦盼数日却难觅芳踪。吉林雾凇每年吸引了大量游客前去观赏。

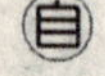

拓展思考

1. 你见过雾吗？你能说说经历大雾是什么感受吗？
2. 你知道雾是怎样形成的吗？
3. 看似不起眼的雾，会给人们带来什么危害？
4. 大雾对人们的生活有什么影响？分别从健康、交通、通信等方面来说明。

橙色预警——雪灾

千里冰封，万里雪飘。但这并不仅仅发生在“北国”，也不仅仅呈现为“风光”。在2008年1月间，50年一遇的雪灾与冰冻肆虐大半个中国，大雪很少光顾的南方地区，居然也出现了飘飘洒洒的雪花。极度深寒之中，我们的生活变得如此窘迫；持续凝冻之下，我们的应对难免仓促。

◆让人触目惊心的雨雪冰冻灾害

2008：中国惊天大雪灾

2008年的大雪灾，所有的中国人都记忆犹新，许多人可能一生都难以忘记这一场大雪：京珠高速公路韶关段封闭，冰雪灾情严重；贵阳凝冻再现冰瀑奇观；旅客乘坐大巴因雪灾在广东韶关、乐昌被堵了十天十夜。

◆京珠高速公路韶关段封闭

临近春节，长江中下游大部分地区突降暴雪，天气恶劣

◆冰雪影响春运

程度已到了拉响红色预警的等级。

大雪下着，大片大片的雪花覆盖了南方的土地。输电铁塔被积在支架上的冰凌压塌，许多城市的电力供应中断，城市一片漆黑。受灾城市中的自来水管因为低温而结冰，人们的日常用水严重缺乏，只能靠消防车为居民运来饮用水。高速公路、铁路、飞机场上结起了厚厚的冰层，各种交通工具均无法正常运行，正值春运高峰期，大量准备回家过年的旅客被迫滞留在车站、机场。冰天雪地的恶劣气候环境让千万私家车主和正准备驾车、乘车返家的人几近崩溃：高速公路车祸、堵车、车辆损坏频发。

这场雪灾的到来主要是因为在全球气候变暖的今天，局部地区会有不正常的大面积降雪和严寒气候，而中国南部就是这样的地区之一。这一场50年未见的大雪，对我国南方地区的社会经济和人民的生命财产造成了巨大的损失。

知识窗

雪的形成

在混合云中，由于冰水共存使冰晶不断凝华增大，成为雪花。当云下气温低于0℃时，雪花可以一直落到地面而形成降雪；如果云下气温高于0℃时，则可能出现雨夹雪。雪花的形状极多，有星状、柱状、片状等等，但基本形状是六角形。

点击——突然袭击的“白色杀手”

积雪的山坡上，当积雪内部的内聚力抗拒不了它所受到的重力拉引时，便向下滑动，引起大量雪体崩塌，人们把这种自然现象称为雪崩。雪崩速度可以达20～30米/秒，随着雪体的不断下滑，速度也会突飞猛进，一般12级的风速为20米/秒，而雪崩将达到97米/秒，速度可谓极快，具有突然性、运动速度快、破坏力大等特点。它能摧毁大片森林，掩埋房舍、交通线路、通信设施和车辆，甚至能堵截河流，发生临时性的涨水。同时，它还能引起山体滑坡、山崩和泥石流等其他自然灾害。因此，雪崩被人们列为积雪山区的一种严重自然灾害。

◆雪崩

草原的克星——牧区雪灾

牧区雪灾亦称白灾，是因长时间大量降雪造成牧区大范围积雪成灾的自然现象。它是我国牧区常发生的一种畜牧气象灾害，主要是在天然草场放牧的畜牧业地区，由于冬季降雪量过多和积雪过厚，雪层维持时间长，影响牛羊正常放牧活动。它对畜牧业的危害，主要是积雪掩盖草场，且超过一定深度，有的积雪虽不深，但密度较大，或者雪面覆冰形成冰壳，牲畜难以扒开雪层吃草，造成饥饿，有时冰壳还易划破羊和马的蹄腕，造成冻伤，致使牲畜瘦弱，常常造成牧畜流产，仔畜成活率低，老弱幼畜饥寒交迫，死亡增多。同时还严重影响甚至破坏交通、通讯、输电线路等生命线工程，对牧民的生命安全和生活造成威胁。雪灾主要发生在稳定积雪地区和不稳定积雪山区，偶尔出现在瞬时积雪地区。我国牧区的雪灾主要发生在内蒙古草原、西北和青藏高原的部分地区。

◆即将饿死的牲畜

小知识——暴雪预警

暴雪预警信号分四级，分别以蓝色、黄色、橙色、红色表示。

暴雪蓝色预警信号：12 小时内降雪量将达 4 毫米以上，或者已达 4 毫米以上且降雪持续，可能对交通或者农牧业有影响。

暴雪黄色预警信号：12 小时内降雪量将达 6 毫米以上，或者已达 6 毫米以上且降雪持续，可能对交通或者农牧业有影响。

暴雪橙色预警信号：6 小时内降雪量将达 10 毫米以上，或者已达 10 毫米以上且降雪持续，可能或者已经对交通或者农牧业有较大影响。

◆暴雪红色预警信号

暴雪红色预警信号：6 小时内降雪量将达 15 毫米以上，或者已达 15 毫米以上且降雪持续，可能或者已经对交通或者农牧业有较大影响。

小贴士——暴雪预警

在雨雪降温天气，市民要注意防寒、保暖，家里要备一些常用的药品，像降压、平喘和治疗心血管疾病的药品，以备急用。在寒冷和恶劣天气出门要小心慢行，老年人下雪天最好不要出门；中老年人应改变晨练习惯，将每天的锻炼改到下午气温较高的时段。遇强对流雨雪天气，可暂时放弃外出晨练的习惯，改为室内锻炼。市民外出亦要多加小心，以防摔倒受伤。由于冬季气温较低，人的反应能力下降，特别是遇到雨雪天气路面湿滑，很容易摔伤，因此冬天外出活动时，一是要做好充分准备；二是活动要注意适度；三是过于危险的活动要尽量少做。在雨雪天气，司机朋友还应谨慎驾驶，驾驶车辆时应慢速行驶，注意绕开积雪、结冰路段；同时保持更大车距，不随便变道、急转方向。

◆在轮胎上绑上链条防滑

1. 你所在的城市每年下雪的机会多吗？你对2008年中国大雪灾有什么感受？

2. 雪究竟是怎样形成的？

3. 雪灾会给放牧区域带来什么样的灾难？

4. 在下雪天，为什么司机要给车轮捆上铁链？它运用了什么物理学原理？

海洋灾害之首——风暴潮

大海，人们似乎熟悉她，但却不见得了解她。大海，潮起潮落，浪花飞舞，多姿多彩，给人美的享受，但同时她也会给人们带来灾难，风暴潮就是其中一种灾害性的自然现象。风暴潮往往夹狂风恶浪而至，常常使其影响所及的滨海区域潮水暴涨，甚者海潮冲毁海堤海塘，吞噬码头、工厂、城镇和村庄，使物资不得转移，人畜不得逃生，从而酿成巨大灾难。

◆大海在咆哮

风暴潮是如何产生的

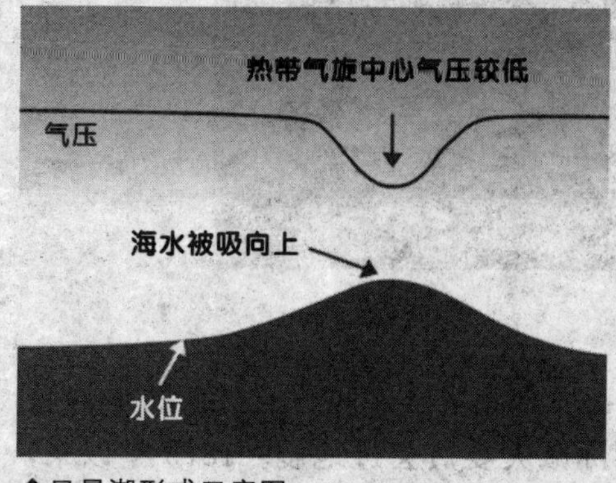

◆风暴潮形成示意图

风暴潮是由于强烈的大气扰动——强风和气压骤变，引起海面水位异常升高和海面下降的现象。它与潮汐关系密切，如果说潮汐是风暴潮发生的内因，那么台风与温带气旋、冷空气、寒潮等天气系统就是产生风暴潮的外力。一般来说，风暴潮是按诱发它们的天气系统而分为温带风暴潮和台风风暴潮两大类。

究竟是谁惹的祸

我国海岸线漫长，南北纵跨温、热两带。春季，渤海、黄海上空是冷暖空气的交汇区，温带气旋、冷空气、寒潮等活动频繁，每隔数日便发生一次。当它们过境时带来的向岸大风，不断地将海水吹向陆地，引起沿岸海水上涨，侵入内陆，我们称这种天气状况下产生的风暴潮为温带风暴潮。

夏秋时，活跃在太平洋的台风经常登陆或影响我国沿海，造成严重的台风风暴潮。台风是海洋上最具破坏力的一种热带气旋，它通常生成在西北太平洋的低纬度地区。由于每个热带气旋的强度不同，目前世界气象组织给它规定了四个强度等级，不同的等级名称也不同，它们分别称为：热带气旋、热带风暴、强热带风暴、台风（下面将以台风通称）。在北半球，台风按逆时针旋转，台风中心眼外是台风云系涡旋区，这里有强烈的狂风暴雨发作，风速普遍有 40～60 米/秒，最大可达到 100 米/秒。台风在洋面上掀起的巨浪高达 10～15 米，惊涛骇浪使过往的航船颠覆、淹没在汪洋大海之中。由于台风中心气压极低，对海水有吸吮作用使海面升高。当台风临近大陆沿海，海水越过堤坝涌入内陆或堤坝决口，淹没城市、村庄、农田，酿成极其严重的台风风暴潮灾害。

◆风暴潮灾害

中国国际减灾委员会主席认为：风暴潮灾害在世界自然灾害中居首位，在人员伤亡方面甚至超中国国际减灾委员会过地震。1875 年以来，全球范围直接和间接的风暴潮经济损失超过 1000 亿美元，约 150 万人在风暴潮袭击下丧生，这些损失还不包括与风暴潮相关联的海岸和土地侵蚀的长期影响。难怪美国和世界气象组织都认为风暴潮是来自海洋的杀手。

科技文件夹

台风风暴潮

台风风暴潮，多见于夏秋季节。其特点是：来势猛、速度快、强度大、破坏力强。凡是有台风影响的沿海国家、沿海地区均有台风风暴潮发生。

另一种海啸——风暴潮

国内外历史上严重的风暴潮灾害事例举不胜举。2005年8月发生在美国东南部沿海的由飓风“卡特里娜”引发的风暴潮灾害，成为美国历史上罕见的严重自然灾害，曾震惊世界，飓风带来的海水几乎将新奥尔良市全城淹没，遇难人数多达1036人，一些地区社会秩序曾一度混乱，在经济上对美国更是一个沉重的打击，直接经济损失超过3000亿美元。致使世界上最富强的国家——美国，也不得不向世界其他国家伸出求援之手，以解燃眉之急。

◆飓风“卡特里娜”卫星云图

历史上，我国由于风暴潮造成的生命财产损失也是触目惊心的。1922年8月2日汕头发生一次台风风暴潮灾害，有7个县市受灾，死亡7万余人。1949年后，我国沿海地区发生较大的风暴潮灾害也很多。2003年10月11～12日在河北和山东半岛沿海，受强温带气旋和寒潮冷空气共同影响，发生了强温带风暴潮灾害，天津塘沽潮位站最大增水160厘米，超过

◆肆无忌惮的洪水

当地警戒水位 43 厘米；河北黄骅港潮位站最大增水 200 厘米以上，超过当地警戒水位 39 厘米；山东羊角沟潮位站最大增水 300 厘米，其最高潮位 624 厘米（为历史第三高潮位），超过当地警戒水位 74 厘米。此次温带风暴潮来势猛、强度大、持续时间长，成灾严重。这次潮灾造成河北黄骅港发生严重淤积，航道受阻。天津塘沽港进水，有 22.5 万吨货物被海水浸泡。附近沿海地区渔业、盐业、养殖业等均受到严重损失。据统计，河北、山东、天津三省市直接经济损失约 13.1 亿多元人民币。

人类面临着许多自然灾害，如地震、山体滑坡、洪水、泥石流、风暴潮等。全球平均每年有 2 万人死于热带气旋（台风），经济损失达 60 亿～70 亿美元。风暴潮灾害居海洋灾害的首位。世界上绝大多数特大灾害都是由风暴潮造成的。

科技文件夹

温带风暴潮

温带风暴潮，多发生于春秋季节，夏季也时有发生。其特点是：增水过程比较平缓，增水高度低于台风风暴潮。主要发生在中纬度沿海地区，如欧洲北海沿岸。

点击——抵御风暴潮

日本是经常遭受风暴潮袭击和影响的国家之一，日本政府和有关部门对防灾减灾工作极为重视，不仅加强有关这方面的科学研究，还制订了一系列应急措施。美英等一些国家，目前正以高科技装备实现了预警系统的自动化、现代化，对风暴潮的监测、监视、通信、预警、服务等基本做到高速、实时、优质。美国不仅由所属海洋站的船舶、浮标、卫星等自动化仪器实现对风暴潮的自动监测，还通过世界卫星通讯系统定时进行传输，有效地提高了时效，整个预警过程的时间间隔不超过 3 小时。

我国也建立的风暴潮监测系统。风暴潮的监测靠设在沿海、入海河口以及感潮河段内的验潮站进行。目前我国共有验潮站 300 多个。国家海洋局对所属验潮站进行改造，实现了验潮数据每分钟的实时传输，大大提高了我国沿海风暴潮监测能力。

◆岸边的验潮站可以监测到海面高度

1. 什么是风暴潮？它一般发生在哪里？
2. 风暴潮是如何产生的？
3. 风暴潮会给人类带来怎样的损失？

岛国的未来——海平面上升

◆逐渐上升的海平面

位于印度洋的马尔代夫被誉为“人间最后的乐园”，然而这个天堂岛国面临着“失乐园”的危机。2008年正式宣誓就职的马尔代夫新总统穆罕默德·纳希德表示，马尔代夫新政府将从每年10多亿美元的旅游收入中拨出一部分，纳入一笔“主权财富基金”，用来购买新国土。未来，人口过于稠密的马尔代夫可能举国搬迁至印度或者大洋洲，以应对国土被淹。联合国一份报告预测，海平面到2100年将比现在上涨25～58厘米。那么海平面为什么会上涨？马尔代夫为何将成为“失乐园”？那么赶紧来阅读下面的内容吧。

谁是罪魁祸首？

人类早期的活动能力，也就是破坏自然的能力很弱，最多只能引起局部地区小气候的改变，所以几百万年间人与自然还能相安无事。但是工业革命以来情况发生急剧变化。工业化意味着大量燃烧煤和石油，意味着向地球大气排放巨量的废气。其中二氧

◆大量排放的二氧化碳

◆海平面上升让动物无处生存

化碳气体造成大气温室效应，使全球气候变暖、极地冰川融化、海平面上升；二氧化硫和氮氧化物可以形成酸雨；氯氟烃气体能破坏高空臭氧层，造成南极臭氧空洞和全球臭氧层变薄。此外，工业化排放的污染气体也使人类聚居的城市成了浓度特高的大气污染岛……人类在发展经济、提高生活质量的同时也使地球环境遭到严重破坏。不少灾害看起来似乎是天灾，而实际上却往往是属于人类自己造成的人祸。被破坏的地球大气正在对人类进行可怕的报复，大自然是绝不会因为人类的无知而原谅人类的。

原来，工业革命以来，由于人类大量燃烧化石燃料和毁灭森林，使全球大气中二氧化碳含量在百年内增加了25%。如果按目前二氧化碳浓度的增加速度，到2100年大气中二氧化碳含量将增加一倍。据联合国发布的评估报告，那时全球平均气温会比现在上升1.0～3.5℃，这将引起极地冰川融化、海平面上升15～95厘米，从而淹没大片经济发达的沿海地区，还可能引起其他一系列严重问题。世界各国政府开始重视这种状况及其危害后果，共同商讨削减二氧化碳排放量的问题。

海平面上升是由全球气候变暖、极地冰川融化、上层海水变热膨胀等原因引起的。研究表明，近百年来全球海平面已上升了10～20厘米，并且未来还要加速上升。但世界某一地区的实际海平面变化，还受到当地陆地垂直运动——缓慢的地壳升降和局部地面沉降的影响，全球海平面上升加上当地陆地升降值之和，即为该地区相对海平面变化。因而，研究某一地区的海平面上升，只有研究其相对海平面上升才有意义。海平面上升对沿海地区社会经济、自然环境及生态系统等有着重大影响。

万 花 筒

当桑田变为沧海

海平面的上升可淹没一些低洼的沿海地区，加强了的海洋动力因素向海滩推进，侵蚀海岸，从而变“桑田”为“沧海”；其次，海平面的上升会使风暴潮强度加剧，频次增多，不仅危及沿海地区人民的生命财产，而且还会使土地盐碱化。

小知识——温室效应

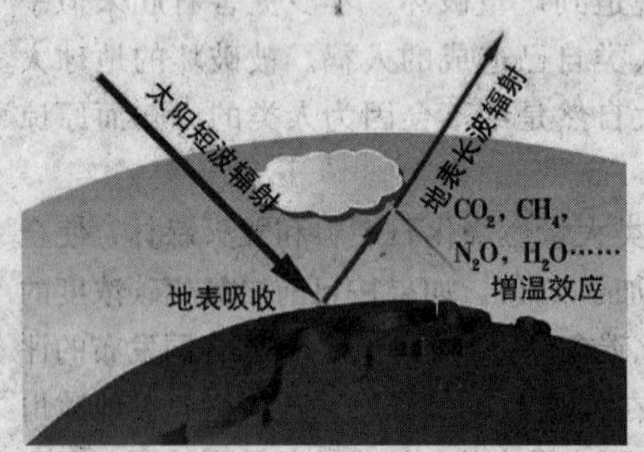

◆温室效应示意图

我们知道，并不是大气中的每种气体都会强烈吸收地面长波辐射的。地球大气中起温室作用的气体称为温室气体，主要有二氧化碳、甲烷、臭氧、一氧化二氮、氟里昂以及水汽等。它们几乎吸收地面发出的所有波长的长波辐射，只有一个很窄的区段吸收很少，这个区段被称为“盲区”。地球主要通过这个盲区把从太阳获得的热量中的70%又以长波辐射形式返还宇宙空间，从而维持地面温度不变。我们所说的温室效应，主要是指由于人类活动增加了温室气体的数量和品种，使这盲区即能返回宇宙空间的热量的数值下降，使留下的余热增多而使地球气候变暖的情况。

严重的后果

海平面上升对岛屿国家和沿海低洼地区带来的灾害是显而易见的，突出的是：淹没土地，侵蚀海岸。全世界岛屿国家有40多个，大多分布在太平洋和加勒比海地区，地理面积总和约为77万平方千米，人口总和约为4300万。很多岛国的国土仅在海平面上几米，有的甚至在海平面以下，靠海堤围护国土，海平面上升将使这些国家面临淹没的危险。

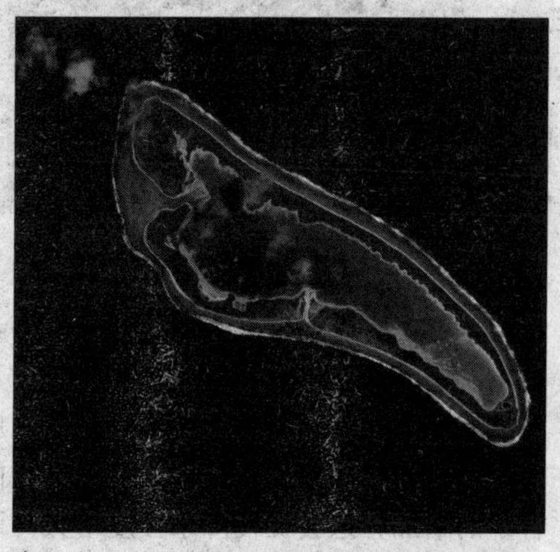

◆西太平洋的基里巴斯共和国的一些地区，整个村庄被迫迁徙，随着海水的入侵，农作物被毁掉，淡水资源受到污染

海平面上升，加强了海洋动力作用，使海岸侵蚀加剧，特别是砂质海岸受害更大。据统计，我国沿海已有70%的砂质海岸被侵蚀后退。海岸侵蚀给沿海沙滩休闲场所带来的危害日益突出，在一寸沙滩一寸金的黄金海岸，如海平面上升1米，失去的沙滩如用移沙造滩的方法恢复，则每米海滩需用沙5000立方米。

海平面上升造成第二个恶果是盐水入侵，水质恶化，地下水位上升，生态环境和资源遭到破坏。海平面上升直接影响沿海平原的陆地径流和地下水的水质，海水将循河流侵入内陆，使河口段水质变咸，影响城市供水和工农业用水，同时造成现有的排水系统和灌溉系统的不畅和报废。据日本建设省的一份报告透露，日本全国有一级河流109条，随着海平面上升，靠近

◆孟加拉国水灾

◆孟加拉国水灾严重地区

河口段的水面也将上升，需要重新估价水位的地段长达近千千米；荷兰国家公共工程部门估算，为应对海水入侵，全国需重新改建的供水排水系统的造价需几十亿美元。海水入侵也严重影响到地下水的水质，依靠地下水供水的沿海城市面临新的困难。此外，沿海大城市的一些大建筑物的地基也要受到地下水位上升的危害，地震频发地区的城市建筑物更为突出。

海洋自然灾害频发，台风、暴雨，风暴潮强度加剧是海平面上升的另一个灾害。海平面上升是气候变暖产生的结果。气温上升显示空气中水汽含量的增加，这会促使降水强度增大，同时降落到地面的降水因气温升高蒸发加速，促进了水的循环，极易形成灾害性的暴雨。最近研究表明，气温上升将会导致台风强度的增加，一些沿海地区的风暴潮灾害也将频发，海平面升高无疑会抬升风暴潮位，原有的海堤和挡潮闸等防潮工程面临功能减弱，从而易使受灾面积扩大，灾情加重；由于潮位的抬升，本来不易受袭击的地区，有可能受到波及。

轶闻趣事——漂浮岛自救

全球气候变化引起的海平面上升正日益威胁马尔代夫，这个美丽的岛国未来或将被海水淹没。为应对这一危机，马尔代夫政府计划建造出几座漂浮式岛屿。设计出来的漂浮式岛屿是星形的多层样式，室内空间则位于绿色草坪之下，在岛屿中央还修建游泳池和海滩。岛屿上各种设施齐全，其中包括一个会议中心和几座高尔夫球场。

到 2050 年，世界人口的 70%将生活在城市区域。由于有大约 90%的世界大城市坐落在水边，我们需要找到新的方法处理好人工环境中水的问题。我们必须为气候变化做好准备。在建筑空间缺乏的地方，浮动的房屋将特别有吸引力。

◆马尔代夫拟建漂浮岛来自救

1. 海平面上升是由哪些因素引起的?

2. 海平面上升会给人类带来什么危害?

3. 什么是温室效应? 它和海平面上升有什么联系?

4. 如果海平面上升1米，将有多少国家被淹没? 将有多少人口失去家园?

空中的陀螺——热带气旋

◆热带气旋云图

曾经有人问一个老水手："干你们这一行最担心的是什么？"他回答说是海上的恶劣天气，例如像热带气旋、台风等。一是来势汹汹。从南海那面过来，插到海里像个犁，能把海耕成两半，海水呼啦啦地涨起来。二是走向刁钻。忽北忽西，有时还会杀"回马枪"，叫人防不胜防。在这些灾难面前，人的力量往往显得那么渺小和被动。灾难扫荡所过之处，惊涛裂岸，乱石崩云，樯倾楫催。

严重的后果

◆热带气旋产生的大浪可以将船掀翻

热带气旋是发生在热带洋面上伴有狂风暴雨的大气涡旋，全球平均每年发生达到热带风暴强度的热带气旋 80 个。其中西北太平洋是发生频率最高的区域，平均每年发生 28.3 个，占全球的 35.3%。热带气旋灾害是世界上最严重的自然灾害之一，平均每年导致约 2 万人死亡，造成经济损失达 60 亿~70 亿美元。

◆现代船舶的驾驶室里有许多大型的仪器，可以提前预知恶劣天气的走向，能有效避免海难的发生

热带气旋造成灾害，主要是由狂风巨浪、暴雨和风暴潮三方面的原因所致。对海上航行的船舶来说，最怕的是热带气旋特别是台风的狂风巨浪。1944 年 12 月，某国海军舰队在太平洋上遇到台风袭击，有 90 名船员死亡和失踪，146 架舰载飞机被吹进海里，3 艘驱逐舰沉没，26 艘其他舰只遭受重创，损失惨重。因此，航行在海上的船舶一定要注意收听邻近气象台的海洋气象广播，及时了解海上气象和海浪情况，如获得热带气旋将临的信息，迅速采取避让措施，以确保航行安全。但万一由于各种原因不及躲避或误入热带气旋时，要积极主动采取措施，避免发生海难事故。首先，要沉着冷静，迅速与海岸电台联系，弄清船舶在热带气旋中所处的位置。联系不上时，可根据“风压定则”自行测定热带气旋中心方位，在北半球，背风而立，热带气旋中心在本船的左边；在南半球，背风而立，热带气旋中心在本船的右边。再确定船舶至热带气旋中心的距离，在船上测到的气压比正常值低 5 个百帕，则热带气旋中心离船不会超过 300 千米，若测到的风力已达到 8 级，则热带气旋中心离船 150 千米左右。热带气旋路径可能随时改变，所以，应随时与海岸电台保持联系，以获得最新的热带气旋消息，并密切注意风向的改变，及时修正航向，以顺利驶离热带气旋。

知识库

热带气旋的编号

为了跟踪热带气旋的动向，做好预报、警报工作，各国都对热带气旋进行编号或命名。我国采用编号办法，对发生在东经 180 度以西、赤道以北的西北太平洋（包括南海）的达到热带风暴强度的热带气旋，按其生成的先后顺序进行编号。编号用四个数码，前两个数码表示年份的末两位，后两个数码表示在该年出现的先后次序。如 9608 号热带风暴即是 1996 年在上述海域生成的第 8 个热带风暴，当它继续发展成为台风时，就称为 9608 号台风。

小知识——热带气旋的等级划分

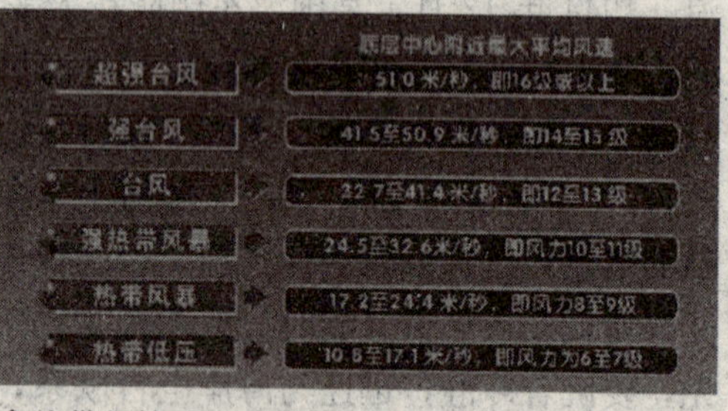

◆热带气旋的六个等级

在热带海洋上发生的热带气旋，其强度差异很大。1989 年以前，我国把中心附近最大风力达到 8 级或以上的热带气旋称为台风，将中心附近最大风力达到 12 级的热带气旋称为强台风。自 1989 年起，我国也采用了国际分类标准，即：当热带气旋中心附近最大风力小于 8 级时称为热带低压，8～9 级风力的称为热带风暴，10～11 级风力的称为强热带风暴，只有中心附近最大风力达到 12 级的热带气旋才称为台风。由以上定义不难看出，热带气旋是热带低压、热带风暴、强热带风暴和台风的总称。但由于热带低压破坏力不强等原因，习惯上所指的热带气旋一般不包括热带低压。

热带气旋的发生和消亡

◆热带气旋能量的主要来源于热带地区温水。要启动一个热带气旋，海洋表面温度，通常需要将高于26.5℃

热带气旋的生成和发展需要巨大的能量，因此它形成于高温、高湿和其他气象条件适宜的热带洋面。据统计，除南大西洋外，全球的热带海洋上都有热带气旋生成。大多数的热带低压并不能发展为热带风暴，也只有一定数量的热带风暴能发展到台风强度，台风之间的强度差异也很大，有的强风中心附近最大风速为35米/秒，但中心附近最大风速超过50米/秒的台风也不鲜见。如在浙江瑞安登陆的9417号台风，登陆时其中心附近的最大风速就达45米/秒。

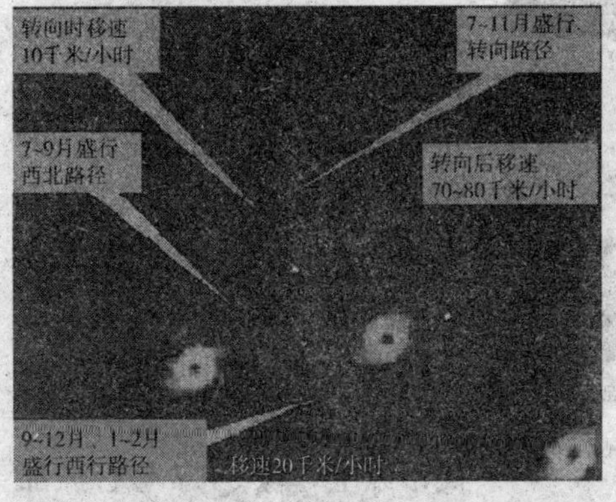

◆西北太平洋热带气旋路径

热带气旋的生命史可分为生成、成熟和消亡三个阶段。其生命期一般可达一周以上，有的热带气旋在外界环境有利的情况下生命期可超过两周。当热带气旋登陆或北移到较高纬度的海域时，因失去了其赖以生存的高温高湿条件，会很快消亡。大量的热带气旋生成于赤道辐合带中，赤道辐合带的北侧是强大的副热带高压。热带气旋的移动主要受副热带高压南侧的偏东气流引导，向偏西方向移动，这类热带气旋常会在我国东南沿海至越南沿海登陆。热带气旋的路径十分复杂，从来没有两条完全相同的热带气旋路径，不过归纳起来西北太平洋上的热带气旋大致可分为如下7类：Ⅰ类为远海转向；Ⅱ类为低纬转向；Ⅲ类为近海北上；Ⅳ类为登陆华东；Ⅴ类为西行进入南海；Ⅵ类为登陆华南；Ⅶ类为倒抛物

线热带气旋路径。

趣 谈 笑 说

“中国好望角”

中国海域及邻近海区灾害性海浪分布受风区、风时、地形等的影响，具有明显的季节变化和地理特点。渤海海峡，当吹偏东风或偏西风时，有足够长的风区，加上狭管效应，风浪易于成长，浪大流急，曾出现过13.6米的最大波高，被认为是航海危险区。黄海中部的成山头外海常有大浪发生，加之受海流等的影响，这一带海域是海难事故高发区，故有“中国好望角”之称。

热带气旋的严重灾害

◆热带气旋（台风、飓风）、温带气旋和强冷空气大风等引起的海浪，在海上常能掀翻船只，摧毁海上工程和海岸工程，造成巨大灾害

热带气旋灾害是最严重的自然灾害，因其发生频率远高于地震灾害，故其累积损失也高于地震灾害。1991年4月底在孟加拉国登陆的热带气旋曾经夺去了13.9万人的生命。我国是世界上受热带气旋危害最甚的国家之一，近年来，因其而造成的年平均经济损失在百亿元人民币以上，像9417号台风那样的登陆强热带气旋，一次造成的经济损失就超过百亿元人民币。热带气旋灾害主要来自三个方面：

一个较强热带气旋的8级大风半径一般都达百千米，不少热带气旋都伴有12级以上的大风区域，强风会掀翻巨轮，会使地面建筑物和输电线路等严重受损。

一般的登陆热带气旋均伴有100毫米以上的大暴雨，当其移动缓慢时常会造成一地数百毫米乃至上千毫米的降雨，例如1975年8月7503号台

◆过量的降雨会造成洪涝灾害

风衰变成的热带低压西进到河南驻马店地区时，在有利的环境条件下使局部地区降雨达 1200 毫米以上。过量的降雨会造成洪涝灾害，对国民经济建设和人民的生命财产造成极大威胁。

当热带气旋登陆时，一般均伴有台风增水，当台风增水与天文大潮叠加时，情况就更加严重。前面提到的 1991 年 4 月底在孟加拉国登陆的热带气旋，使潮位升高 6 米，恒河三角洲的许多岛屿和陆地都沦为泽国，其危害程度可想而知。9216 号台风侵袭我国时，就曾使南起福建北至辽宁的东部沿海先后出现大范围风暴潮，从而造成巨大经济损失。当然，热带气旋带来的并不都是灾害。盛夏在江南、华南伏旱区登陆的热带气旋带来的丰沛降水常会解除旱情。如果这个热带气旋降雨适度的话，它甚至会成为受欢迎的“使者”。

1. 什么是热带气旋？世界上哪个海洋发生热带气旋的频率最高？
2. 热带气旋是怎样形成的？
3. 热带气旋会给人类带来怎样的灾害？
4. 热带气旋和全球气温升高有什么关系呢？

沿海城市的“克星”——台风和飓风

“七月风暴，因速度的提升变成‘凤凰’台风。美丽的名字如妩媚的女人更具杀伤力。那些外表刚毅而内心柔弱的男子终究会倒在石榴裙下。相生相克的欢喜冤家，一路相逢，海平面很大，让千万鱼虾驾一千乘风帆奔驰而来。速度，这个时代的魔鬼，还会有多少人会因此而倒下?”这是一首描写台风的诗，从中可以看出台风的威力，它到底是怎样形成的?又有多大的威力呢?这这一节里为你讲述。

被称为“百头魔物”的台风

◆台风掀起的海浪，威力巨大

“台风”是一个音译词，就像 sofa（沙发）、coffee（咖啡）一样。台风，英文叫 typhoon，希腊语、阿拉伯语叫 tufan，发音都和中文特别相似，在阿拉伯语和英语中都是风神的意思。台风一词源自希腊神话中大地之母盖亚之子 Typhon，它是一头长着 100 个龙头的魔物，传说这头魔物的孩子们就是可怕的大风。后来，这个词传入中国，与广东话 ToiFung 融合在一起，就成为 typhoon 一词了。

台风和飓风都是产生于热带洋面上的一种强烈的热带气旋，只是发生地点不同，叫法不同，在北太平洋西部、国际日期变更线以西，包括南中国海范围内发生的热带气旋称为台风；而在大西洋或北太平洋东部的热带气旋则称飓风，也就是说在美国一带称飓风；在菲律宾、中国、日本、东亚一带叫台风；在南半球称旋风。

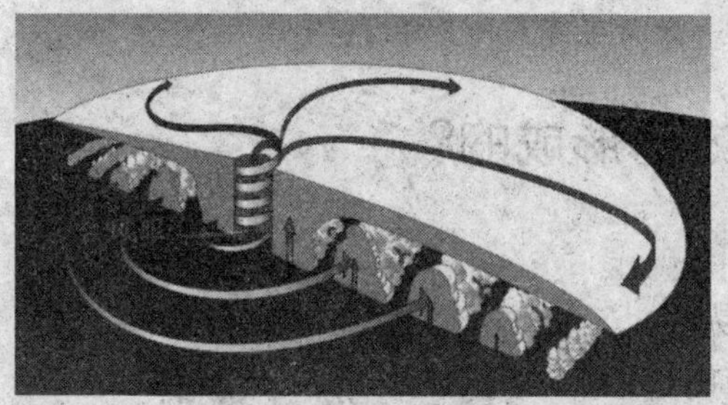

◆台风的结构

外围区的风速从外向内增加，有螺旋状云带和阵性降水；最强烈的降水产生在最大风速区，平均宽 8～19 千米，它与台风眼之间有环形云墙；台风眼位于台风中心区，呈圆形或椭圆形，直径约 10～70 千米不等，平均约 45 千米。台风眼区的风速、气压均为最低，天气表现为无风、少云和干暖。随着台风的加强，台风眼会逐渐缩小、变圆。而弱台风，以及发展初期的台风，在卫星云图上常无台风眼。

知 识 库

台风的结构

台风形成后，一般会移出源地并经过发展、成熟、减弱和消亡的演变过程。一个发展成熟的台风，气旋半径一般为 500～1000 千米，高度可达 15～20 千米，台风由外围区、最大风速区和台风眼三部分组成。

台风喜欢往哪里跑?

台风移动的方向和速度取决于作用于台风的动力。动力分内力和外力两种。内力是台风范围内因南北纬度差距所造成的地转偏向力差异引起的向北和向西的合力，台风范围愈大，风速愈强，内力愈大。外力是台风外围环境流场对台风涡旋的作用力，即北半球副热带高压南侧基本气流东风带的引导力。内力主要在台风初生成时起作用，外力则是操纵台风移动的主导作用力，因而台风基本上自东向西移动。由于副热带高压的形状、位置、强度变化以及其他因

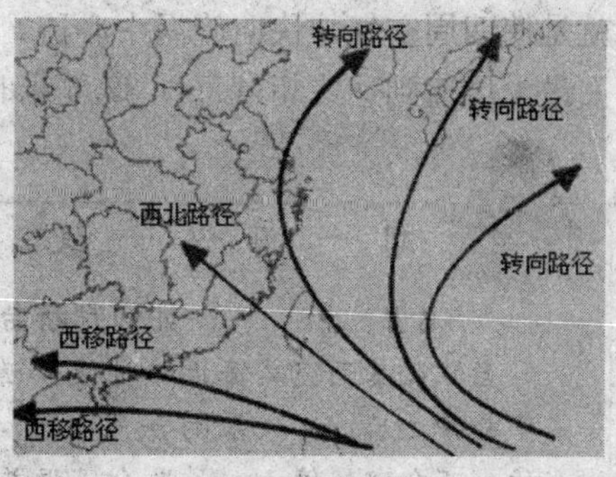

◆台风运动路径

素的影响，致台风移动路径并非规律一致而变得多种多样。

台风是如何形成的？

在热带海洋上，海面因受太阳直射而使海水温度升高，海水容易蒸发成水汽散布在空中，故热带海洋上的空气温度高、湿度大，这种空气因温度高而膨胀，致使密度减小，质量减轻，而赤道附近风力微弱，所以很容易上升，发生对流作用，同时周围之较冷空气流入补充，然后再上升，如此循环不已，使整个气柱皆为温度较高、重量较轻、密度较小之空气，这就形成了所谓的“热带低压”。然而空气之流动是自高气压流向低气压，就好像是水从高处流向低处一样，四周气压较高处的空气必向气压较低处流动，而形成“风”。在夏季，因为太阳直射区域由赤道向北移，致使南半球之东南信风越过赤道转向成西南季风侵入北半球，和原来北半球的东北信风相遇，更迫挤此空气上升，增加对流作用，再因西南季风和东北信风方向不同，相遇时常造成波动和旋涡。这种西南季风和东北信风相遇所造成的辐合作用，和原来的对流作用继续不断，使已形成为低气压的旋涡继续加深，也就是使四周空气加快向旋涡中心流，流入愈快时，其风速就愈大；当近地面最大风速到达或超过每秒 32.6 米时，我们就称它为台风。

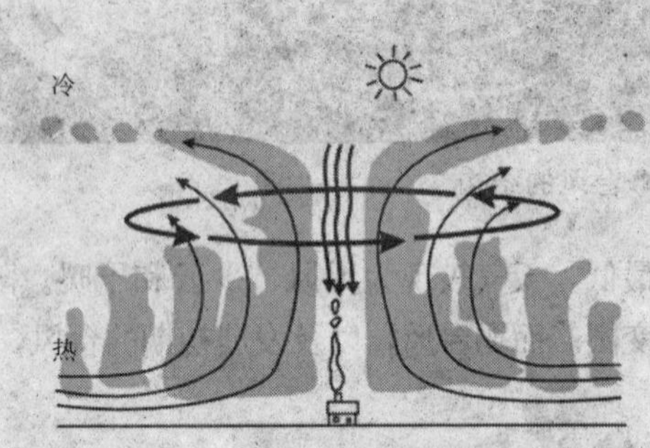

◆台风是空气综合作用的结果

想一想议一议

如何判断台风是否远去？

当狂风暴雨突然停止的时候，应该是台风眼经过的现象，一般而言二三十分钟之后，狂风暴雨会再来临，因为台风离开时，通常风雨是渐渐减小的，不会突然停止。如果台风眼并未经过当地，但风向逐渐从偏北风变成偏南风，云也逐渐消散，天气转好，这也表示台风正在远离。

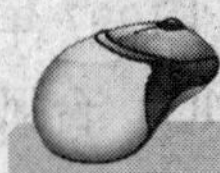

点击——台风产生的条件

◆巨大的海上气旋——台风

从台风结构看，如此巨大的庞然大物，其产生必须具备特有的条件：

要有广阔的高温、高湿的大气。台风只能形成于海温高于26～27℃的暖洋面上，而且在60米深度内的海水水温都要高于26～27℃。

要有低层大气向中心辐合、高层向外扩散的初始扰动。

垂直方向风速不能相差太大，上下层空气相对运动很小，才能使初始扰动中水汽凝结所释放的潜热能集中保存在台风眼区的空气柱中，形成并加强台风暖中心结构。

要有足够大的地转偏向力作用，地球自转作用有利于气旋性涡旋的生成。

给台风起名字

人们对台风的命名始于20世纪初。据说，首次给台风命名的是20世纪早期的一个澳大利亚气象员，他把热带气旋取名为他不喜欢的政治人物，借此，气象员就可以公开地戏称它。在西北太平洋，正式以人名为台风命名始于1945年，开始时只用女人名，以后据说因受到女权主义者的反

◆台风也有好听的名字

◆每年因台风造成的损失无法估计

对，从1979年开始，用一个男人名和一个女人名交替使用。直到1997年11月25日～12月1日，在香港举行的世界气象组织（简称WMO）台风委员会第30次会议决定，西北太平洋和南海的热带气旋采用具有亚洲风格的名字命名，并决定从2000年1月1日起开始使用新的命名方法。新的命名方法是事先制定一个命名表，然后按顺序年复一年地循环重复使用。命名表共有140个名字，分别由WMO所属的亚太地区的柬埔寨、中国、朝鲜、中国香港、日本、老挝、中国澳门、马来西亚、密克罗尼西亚、菲律宾、韩国、泰国、美国以及越南等14个成员国和地区提供。

广角镜——“莫拉克”之殇

中国台湾遭遇破坏力超过“莫拉克”的台风，已是50年前的事了。当“莫拉克”2009年8月4日凌晨在太平洋西北洋面上生成时，人们只是将它当作每年吹袭太平洋西北沿岸的20余个热带风暴之一，没想到它会带来如此严重的破坏。

台风“莫拉克”虽早已远离，但它给人们留下的创痛至今还铭刻于心。在中国气象局的2009年国内外十大天气气候事件评选中，“莫拉克”重创台湾居国内外事件之首。

◆台风“莫拉克”给台湾带来巨大的损失

已被除名的台风

一般情况下，事先制定的命名表按顺序年复一年地循环重复使用，但遇到特殊情况，命名表也会做一些调整，如当某个台风造成了特别重大的灾害或人员伤亡而声名狼藉，成为公众知名的台风后。为了防止它与其他的台风同名，台风委员会成员可申请将其使用的名称从命名表中删去，也就是将这个名称永远命名给这次热带气旋，其他热带气旋不再使用这一名称。当某个台风的名称被从命名表中删除后，台风委员会将根据相关成员的提议，对热带气旋名称进行增补。

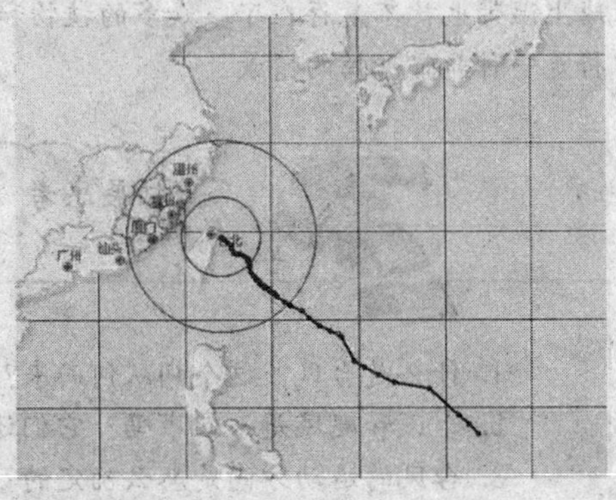

◆台风“碧利斯”行进路线

轶闻趣事——喜忧参半话台风

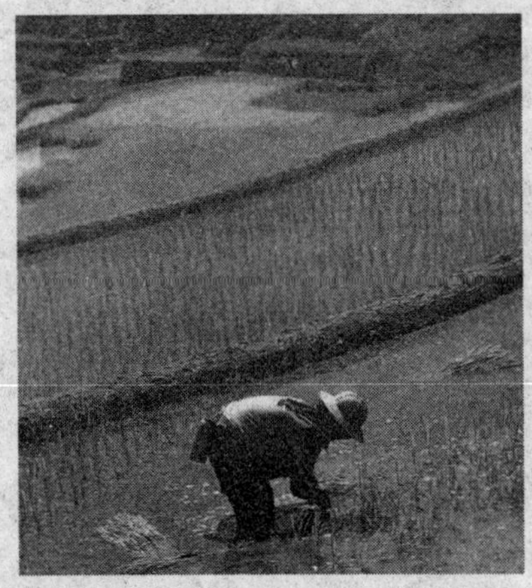

◆台风带来丰沛的降水，利于农作物的生长

提起台风，没有人会对它表示好感。台风过境时常常带来狂风暴雨天气，引起海面巨浪，严重威胁航海安全。登陆后，可摧毁庄稼、各种建筑设施等，造成人民生命、财产的巨大损失。

然而，凡事都有两重性，台风是给人类带来了灾害，但假如没有台风，人类将更加遭殃。据统计，包括我国在内的东南亚各国和美国，台风降雨量约占这些地区总降雨量的1/4以上，因此如果没有台风，这些国家的农业困境不堪想象；此外台风对于调剂地球热量、维持热平衡更是功不可没。众所周知，热带地区由于接收的太

阳辐射热量最多，因此气候也最为炎热，而寒带地区正好相反。由于台风的活动，热带地区的热量被驱散到高纬度地区，从而使寒带地区的热量得到补偿，如果没有台风就会造成热带地区气候越来越炎热，而寒带地区越来越寒冷，这样地球上温带也就不复存在了，众多的植物和动物也会因难以适应而将面临灭绝，那将是一种非常可怕的情景。

1. 什么是台风？这个词从何而来？你经历过台风吗？

2. 台风和飓风是一回事吗？它们还有什么别称？

3. 台风的运动方向是怎么确定的？它的路径和什么相关？

4. 台风是如何产生的？它的产生需要什么条件？你能说出近几年比较著名的台风名字吗？

空中巨龙——龙卷风

盛夏季节，当你收听台风天气预报的时候，经常可以听到“台风中心风力在12级以上”这样的话，似乎“12级”就是风力之“最”了。自然界中有比这更大的风吗？有，那就是龙卷风。龙卷风俗称“龙吸水”，这也许是它漏斗状云柱的外形很像神话中的“龙”从天而降，把水吸到空中而得名的吧。当它触及地面时，可以把人畜卷到空中，再扔下来；它可以“倒拔垂杨柳”，摧毁建筑物；甚至像利剑似的把坚固的高楼大厦削掉一角。下面我们来看看这个“巨龙”的来龙去脉。

神奇的“龙吸水”

◆龙卷风影响面积小，威力却很大

龙卷风是从强流积雨云中伸向地面的一种小范围强烈旋风。龙卷风出现时，往往有一个或数个如同“象鼻子”样的漏斗状云柱从云底向下伸展，同时伴随狂风暴雨、雷电或冰雹。龙卷风经过水面，能吸水上升，形成水柱，同云相接，俗称“龙吸水”；经过陆地，常会卷倒房屋，吹折电杆，甚至把人、畜和杂物吸卷到空中，带往他处。

龙卷风中心附近风速可达100米/秒～200米/秒，最大300米/秒，比台风近中心最大风速大好几倍。中心气压很低，一般可低至400百帕，最低可达200百帕。由于龙卷风内部空气极为稀薄，导致温度急剧降低，促使水汽迅速凝结，这是形成漏斗云柱的重要原因。漏斗云柱的直径，平均只有 250 米左右。龙卷风产生于强烈不稳定的积雨云中。它的形成与暖湿空气强烈上升、冷空气南下、地形作用等有关。它的生命史短暂，一般维持十几分钟到一两个小时，但其破坏力惊人，能把大树连根拔起，建筑物吹倒，或把部分地面物卷至空中。

◆近观漏斗云

龙卷风发生没有明显规律。出现的时间，一般在 6～7 月，有时也发生在 8 月上、中旬。虽然除南极洲外的每个大陆都发现有龙卷风，但美国遭受的龙卷风比其他任何国家或地区都多。除此之外，龙卷风在加拿大南部、亚洲中南部和东部、南美洲中东部、非洲南部、欧洲西北部和东南部、澳大利亚西部和东南部以及新西兰等地区皆常有出现。

知识库

龙卷风的等级

龙卷风共分 5 个等级，分别是 F1 级、F2 级、F3 级、F4 级和 F5 级。F1 级龙卷风体型较小，风力较弱，最恐怖的就是 F5 级，美国得克萨斯州乔洛郡 1997 年 5 月的龙卷风便属于这一等级，风速高达每小时 500 千米；该龙卷风直径大于 1 千米，给美国造成了数亿美元的经济损失。

小贴士——龙卷风的防范措施

在家遇到龙卷风时，务必远离门、窗和房屋的外围墙壁，躲到与龙卷风方向相反的墙壁或小房间内抱头蹲下。躲避龙卷风最安全的地方是地下室或半地下室。

在电杆倒、房屋塌的紧急情况下，应及时切断电源，以防止电击人体或引起

◆远离大树、电线杆，伏于低洼地带

火灾。在野外遇龙卷风时，应就近寻找低洼地伏于地面，但要远离大树、电线杆，以免被砸、被压和触电。

驾汽车外出遇到龙卷风时，千万不能开车躲避，也不要在汽车中躲避，因为汽车对龙卷风几乎没有防御能力，应立即离开汽车，到低洼地躲避。

龙卷风是怎样形成的?

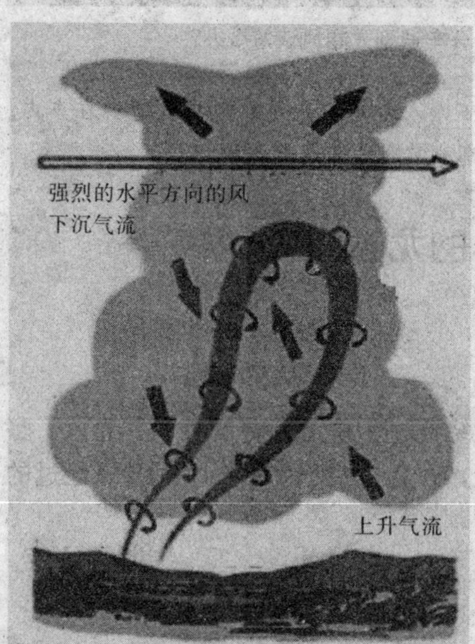

◆龙卷风形成示意图

龙卷风这种自然现象是云层中雷暴的产物。具体地说，龙卷风就是雷暴巨大能量中的一小部分在很小的区域内集中释放的一种形式。龙卷风的形成可以分为四个阶段：

1. 大气的不稳定性产生强烈的上升气流，由于急流中的最大过境气流的影响，它被进一步加强。

2. 由于与在垂直方向上速度和方向均有切变的风相互作用，上升气流在对流层的中部开始旋转，形成中尺度气旋。

3. 随着中尺度气旋向地面发展和向上伸展，它本身变细并增强。同时，一个小面积的增强辅合，即初生的龙卷在气旋内部形成，并形成龙卷核心。

4. 龙卷核心中的旋转与气旋中的不同，它的强度足以使龙卷一直伸展到地面。当发展的涡旋到达地面高度时，地面气压急剧下降，地面风速急剧上升，形成龙卷。

龙卷风时，汽车安全吗?

◆开车遇到龙卷风该怎么办?

当龙卷风来袭时，车辆的处境是极其危险的。如果龙卷风可见且距离遥远，并且当时交通顺畅，则可以将车驾离龙卷风的路径，方法是沿与龙卷风路径直线成直角的方位移动。否则，应尽量快速且安全地将车辆停泊于交通线之外（因为即便是事后从泥地里找出车来，也较将它留在路上引起事故更好），并且寻找坚固的建筑物或壕沟作为掩体。需要切记的是，无论在何种情况下，人都不应在龙卷风接近时留在车内。在龙卷风造成的极强风力下，任何车辆都非常容易被卷起并抛掷。

各种各样的龙卷风

多旋涡龙卷风

多旋涡龙卷风指带有两股以上围绕同一个中心旋转的旋涡龙卷风。多旋涡结构经常出现在剧烈的龙卷风上，并且这些小旋涡在主龙卷风经过的地区往往会造成更大的破坏。

水龙卷

水龙卷（或称海龙卷）可以简单地定义为水上的龙卷风，通常指在水上的非超级单体龙卷风。世界各地的海洋和湖泊等都可能出现水龙卷。在美国，水龙卷通常发生在美国东南部海岸，尤其在佛罗里达南部和墨西哥湾。水龙卷虽在定义上是龙卷风的一种，不过其破坏性要比最强大的大草原龙卷风小，但是它们仍然是相当危险的。水龙卷能吹翻小船，毁坏船舶，当吹袭陆地时就有更大的破坏性，并夺去生命。当水龙卷很可能产生或在海岸水域上已经看得见的时候，美国国家气象局（National Weather Service）将会经常发出特殊的海上警告，或者当水龙卷会向陆地移动时发出龙卷风警告。

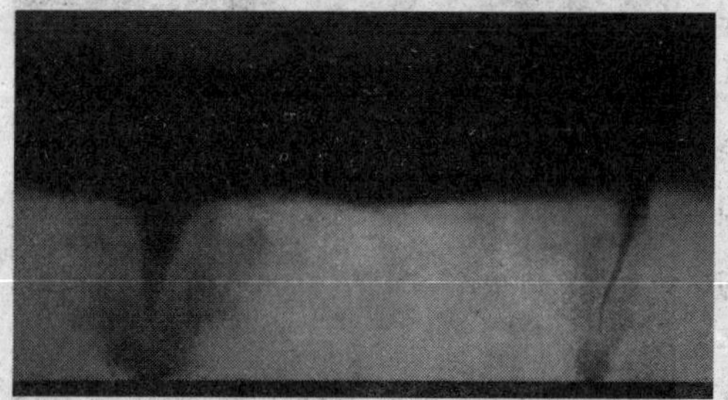

◆多个旋涡的龙卷风

◆水龙卷能卷起一个大水柱

楔状龙卷风

相对较小和较弱的楔状龙卷风看起来只是像一小片地上卷起来的尘土。虽然漏斗云可能不会延伸到地面，但只要地面上相关联的风拥有超过64千米/时的风速，旋转的气流即可以被认为是一股龙卷风。巨型单旋涡龙卷风看起来像一个巨大的楔子插进地里，因而可称为“楔状龙卷”。这类龙卷风的漏斗云很宽，就像一大块乌云，直径比云层底部到地面的距离还长。即使是有经验的风暴观测者也无法在远处区分低垂的云团和楔状龙卷风。大型龙卷风多为楔状龙卷。

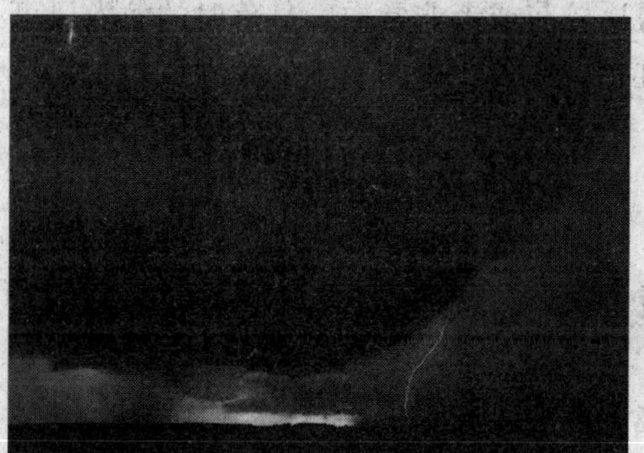

◆有时很难分辨楔状龙卷风和低垂的云团，它的漏斗云很宽

地球自然灾害

五彩的龙卷风

龙卷风的颜色多样，取决于它们所处的环境。干燥环境下生成的龙卷风几乎是透明的，只是在旋风底部能看到旋转的尘土和碎片。几乎或完全不卷起碎片的漏斗云是灰白色的。当经过水体变成水龙卷时，它们会变得非常白甚至呈蓝色。移动缓慢的龙卷风由于卷起大量残骸和泥土，颜色通常较深，并带有被卷起物的颜色。例如，位于美国中央大平原上的龙卷风由于红色土壤的缘故会变成红色。

◆火龙卷风，是指当火情发生时，空气的温度和热能梯度满足某些条件，火苗形成一个垂直的旋涡，旋风般直插入天空的罕见现象

光照条件对龙卷风的外观也有较大的影响。同一个龙卷风，逆光（即太阳光从龙卷风背后射下来）时会显得非常暗，顺光（即太阳光从观察者背后射下来）时则会显得比较灰或者非常白。日落时的龙卷风可以有很多种颜色，如黄、橙和粉红色。此外，夜间发生的龙卷风也常常会被频繁的闪电照亮。

动动手——制造迷你龙卷风

英国艺术家阿里斯代尔—麦克雷蒙特给人们展示了形成龙卷风所必需的条件以及如何在实验室中人工制造龙卷风。

阿里斯代尔首先利用许多风扇来产生压力差和气流旋转效果，然后再向气流中加入水蒸汽，这样就可以形成云，让空气旋涡现形，更形象生动地展示人造龙卷风的效果。阿里斯代尔的目的就是希望通过这种实验再次体验一下儿时发现新事物或未知事物时的兴奋与痴迷。这个龙卷风的制造设备周围没有侧边，人们可

◆实验室制出迷你龙卷风

以直接用手摸一摸龙卷风亲自感受一下，也可以走动穿过龙卷风。龙卷风内部的空气流动得很快，足以让你感觉它的物理存在。

拓展思考

1. 什么是龙卷风？你知道哪个国家龙卷风最多吗？
2. 龙卷风中心的风速可达多少？为什么它的威力如此巨大？
3. 龙卷风是怎样形成的？
4. 龙卷风有什么特殊的形式？

天灾还是“人祸”——洪水

尧在位的时候，黄河流域发生了很大的水灾，鲧花了9年时间治水，没有把洪水制服。禹改变了他父亲的做法，他带领群众凿开了龙门，挖通了9条河，把洪水引到大海中去。他和老百姓一起劳动，戴着箬帽，拿着锹子，带头挖土、挑土，禹的脚常年泡在水里连脚跟都烂了，只能拄着棍子走。经过10年的努力，终于把洪水引到大海里去，地面上又可以供人种庄稼了。这是我们所熟知的大禹治水的故事，它向我们展示了洪水的无情和难治理，在这一节里就将向你一一讲述洪水的故事。

◆大禹治水

洪水猛于虎

“洪水”一词一说取自一河川名，其大约位于今日中国河南辉县（旧名“共”）及其东邻各县境内，“洪水”与淇水会合后流入黄河。当地黄河转折处的北岸，正是黄河水患开始的地方。该处起源于辉县，有共、龚、段三姓。一种说法称古代中国大禹所治之水，即在今日辉县境内，大概以当时的人力物力，尚不能治理江河。因此“洪”一字即源自辉县旧称“共”，“洪水”也就是“共地之水”。

◆洪水的威力极大

洪水也可引发自然灾害，称为洪灾，也称水灾，是指河流、湖泊、海洋所含的水体上涨，超过常规水位的水流现象。洪水常威胁沿河、湖滨、近海地区的安全，甚至造成淹没灾害。当一个地方被河水、海水或雨水淹没时，这个地方就是遇上了洪灾。

◆洪水可以造成其他的自然灾害，例如泥石流、塌陷等灾害

洪灾发生时不单会淹浸沿海地区，洪水更会破坏农作物，淹死牲畜，冲毁房屋，甚至造成人员伤亡。此外，洪水泛滥使商业活动停顿、学校停课、古迹文物受破坏，水电、煤气供应中断。洪水更会污染饮用水，传播疾病。但却也有一些洪水现象会给人类带来益处，如尼罗河定期的泛滥，给下游三角洲平原带来大量肥沃的泥沙，有利农业生产。

知识窗

洪水的来源

雨水是洪水最重要的来源。下雨时，水流入河道，使河水增加。因此，如果一地的降雨量很多，而又持续时间较长的话，便可能发生洪灾。此外，雪是洪水的第二大来源。某些地方山上的冰雪融化，流入河道，大大提高河流流量，则会发生洪灾。

点击——抵御洪水

湖泊能调节河流的流量，因此，增加湖泊的储水容量便可减少洪灾发生的可能。可是，湖泊的储水量仍然有限，为了调节河流流量，可以在河流修筑水坝，并在水坝后面兴建人工湖。如中国的长江流域内，就有超过 4 万个人工湖，储水量逾 1370 亿立方米。河水外溢的控制亦非常重要。可以在河流的两旁建筑堤坝，防止河水外溢，保护陆地的城市免受泛滥的破坏。

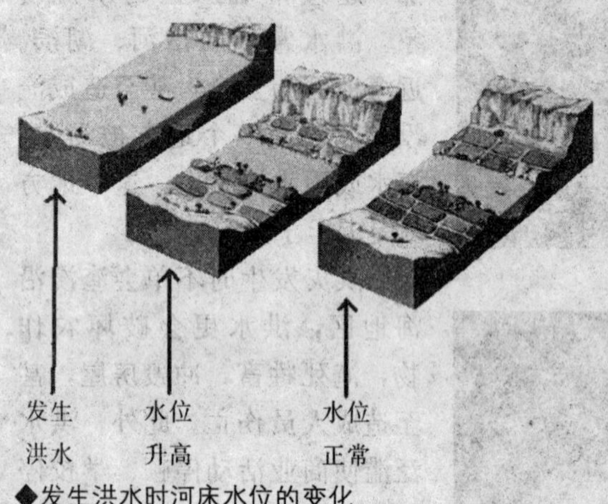

◆发生洪水时河床水位的变化

中国严峻的洪灾

中国大约 2/3 的国土面积存在着不同类型和不同危害程度的洪水灾害。从云南腾冲至黑龙江呼玛画一条东北一西南走向的斜线，大体与年平均 400 毫米雨量等值线和年平均最大 24 小时降雨 50 毫米等值线相一致，在这条线以东地区洪水主要由暴雨和沿海风暴潮形成，洪水分布广，频次多，灾情重。以西地区主要由融冰融雪或局部地区暴雨混合型洪水，分布比较分散，范围比较小。北方地区，冬季可能出现冰凌洪水。

暴雨洪水有明显的季节性，受地面气旋波和南支槽的影响，江南地区和浙闽沿海等一些河流 4 月初即进入汛期，汉江、嘉陵江等河流，受华西秋雨影响，有些年份汛期结束可迟至 10 月上旬；7、8 两月是全国发生洪水最集中时期，洪水峰高量大。

中国的最大洪水与世界最大洪水接近。洪水量级最高的地区主要分布在 7 天，洪量占 10%～20%，松花江为 15%～20%，黄河为 20%～25%，

◆洪水淹没了整座城市

海河、辽河为25%～30%。气候2级支流年径流量集中在几次洪水。洪水年际变化极不稳定，流量的变幅很大。历史最大流量与年最大流量多年平均值之比，长江以南地区为2～3倍，淮河、黄河中游地区可以达到4～8倍，海河、滦河、辽河流域高达5～10倍。

特大洪水在空间和时间上的变化具有重复性和阶段性的特点：各大流域相类似的特大暴雨洪水重复出现的现象普遍存在，如1931年和1954年长江中下游与淮河流域的特大洪水，其气象成因与暴雨洪水的分布基本相同。

小知识

要根治洪灾，就必须保存河流上游的自然植被，以法护林，并种植更多树木，可以抓紧土壤，防止淤积物被冲往下游，避免河流下游有过多沉积物。

轶闻趣事——美国人造洪水拯救生态环境

◆人造洪水冲向科罗拉多的格伦峡大坝

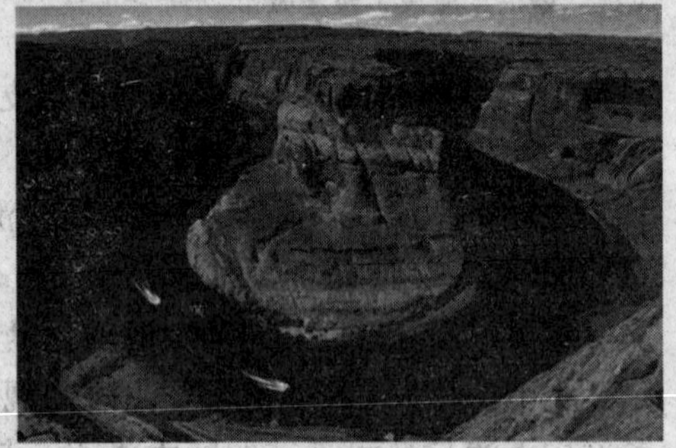
◆格伦峡大坝放水后数小时，科罗拉多河马蹄湾水位开始上涨

洪水可以帮忙改善环境，这你相信吗？2008 年 3 月 5 日美国在科罗拉多的格伦峡大坝进行了第三次人造洪水试验，以拯救当地因兴建大坝而受损的生态环境。

当时大峡谷主河槽过流能力将达到每秒 1100 多立方米，是平时格伦峡大坝正常释放水量的 4～5 倍。科学家计划利用人造洪水把上游的泥沙尽可能悬浮起来，并结合下游支流洪水带来的泥沙，通过漫滩使泥沙沉积在滩地，以便重新塑造两岸河流边滩的形态，恢复河道的自然地貌特征和生态环境功能。格伦峡大坝 1963 年建成于大峡谷上游。它使科罗拉多河的河水发生了永久性变化，原先温暖、潮湿且多变的水环境变得凉爽、干燥，加快了一些鱼类的灭绝速度。美国政府曾于 1996 年和 2004 年在格伦峡大坝进行了两次人造洪水试验。不过，有环保组织认为一次或几次不规律的人造洪水不能解决问题，他们希望人造洪水成为只要条件允许，每年都能实施的长期计划，并杜绝春秋两季水流波动过大的现象。

1998 年长江大洪水

1998 年夏季，中国南方罕见的多雨。持续不断的大雨以逼人的气势铺天盖地地压向长江，使长江无须臾喘息之机地经历了自 1954 年以来最大的

◆洪水无情

洪水。洪水一泻千里，几乎全流域泛滥。加上东北的松花江、嫩江泛滥，全国包括受灾最重的江西、湖南、湖北、黑龙江四省，共有 29 个省、市、自治区都遭受了这场无妄之灾，受灾人数上亿，近 500 万所房屋倒塌，2000 多万公顷土地被淹，经济损失达 1600 多亿元人民币。

长江洪水泛滥是长江流域森林乱砍滥伐造成的水土流失，中下游围湖造田、乱占河道带来的直接后果。长江沿岸有 4 亿人口居住，20 世纪 50 年代中期，长江上游森林覆盖率为 22%，由于不断进行的农地开垦、建厂和城市化，使长江沿岸 80%的森林被砍伐殆尽。四川省 193 个县中，森林覆盖面积超过 30%以上的仅有 12 个县，一些县的森林覆盖面积还不到 3%。为此，长江流域 180 万平方千米土地中，有 20%发生水土流失，每年丧失表土 24 亿吨，每年从上游携带下来 5 亿吨以上的土砂顺着长江流入了东海。由于年复一年的土砂淤积，长江的河床从多年前开始就已高出了地面，成为继黄河之后的又一条“悬河”。长江的“碧水”早已荡然无存，其“浑黄”程度可以和黄河“媲美”。另一方面，长江中下游有蓄洪功能的湖泊则在迅速地萎缩着，洞庭湖水域面积从 1949 年的 4350 平方千米缩减到 2145 平方千米，鄱阳湖在 40 年间缩小了 1/5，还有数百个中小湖泊已经永远地从地图上消失了。这一切都是长江洪水泛滥的原因。

知 识 窗

洪水的等级

水利部门通常将洪水分为：10 年一遇的洪水为常遇洪水，10～50 年一遇的洪水为大洪水，大于 50 年一遇的洪水为特大洪水；大江大河的干流及主要支流，小于 20 年一遇的洪水为常遇洪水，20～100 年一遇的洪水为大洪水，大于 100 年一遇的洪水为特大洪水。

多种多样的洪水

雨洪水：在中低纬度地带，洪水的发生多由雨形成。大江大河的流域面积大，且有河网、湖泊和水库的调蓄，不同场次的降雨在不同支流所形成的洪峰，汇集到干流时，各支流的洪水过程往往相互叠加，组成历时较长涨落较平缓的洪峰。小河的流域面积和河网的调蓄能力较小，一次降雨就形成一次涨落迅猛的洪峰。

◆山洪爆发

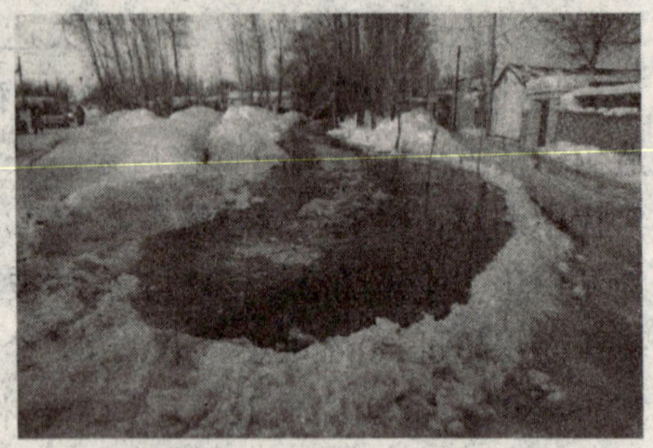

◆每年大量冰凌、积雪融化，会造成洪水

山洪：山区溪沟，由于地面和河床坡降都较陡，降雨后产流、汇流都较快，形成急剧涨落的洪峰。

泥石流：降雨引起山坡或岸壁的崩坍，大量泥石连同水流下泄而形成。

融雪洪水：在高纬度严寒地区，冬季积雪较厚，春季气温大幅度升高时，积雪大量融化而形成。

冰凌洪水：中高纬度地区内，由较低纬度地区流向较高纬度地区的河流（河段），在冬春季节因上下游封冻期的差异或解冻期差异，可能形成冰塞或冰坝而引起。

◆洪水会造成大坝的崩溃

溃坝洪水：水库失事时，存蓄的大量水体突然泄放，形成下游河段的水流急剧增涨甚至漫槽成为立波向下游推进的现象。冰川堵塞河道、壅高水位，然后突然溃决时，地震或其他原因引起的巨大土体坍滑堵塞河流，使上游的水位急剧上涨，当堵塞坝体被水流冲开时，在下游地区也形成这类洪水。

万 花 筒

洪水在这里蔓延

洪灾通常会发生在海岸平地和河盆。由于这些地方的地势较低，若大雨持续的话，河水便会上涨，淹没河岸两旁的土地，造成洪灾。我国主要的河流，如长江、黄河流域，洪灾十分严重。一些欠发达国家如菲律宾、印度等国，水灾亦经常发生，造成严重破坏。

1. 你知道大禹治水的故事吗？这个故事讲的是什么灾害？
2. 洪水不仅能冲毁人们的家园，还能造成什么灾害？
3. 1998 年发生长江大洪水的原因是什么？
4. 美国为什么要“制造”人造洪水？它的目的是什么？取得了什么效果？

天上掉“炸弹”——冰雹

轰隆隆的几声雷响后，便是指盖大小的冰雹伴随着一阵突如其来的劲风急雨，气势汹汹地从天而降，一时间只听到屋顶和窗玻璃被打得劈啪作响，吓得人缩脖抱肩，本能躲闪。透过阳台上的窗户朝外看去，只见天地浑沌，一片苍茫。院子里几棵树的叶子正随着冰雹的击打扑簌簌直往下落。而对面屋顶上，无数颗亮晶晶的冰雹正像断了线的珠子一样从瓦缝间不断地飞滚而下，来不及滚落的很快便在屋顶上形成了一条条银沟。

从天而降的冰雹灾害

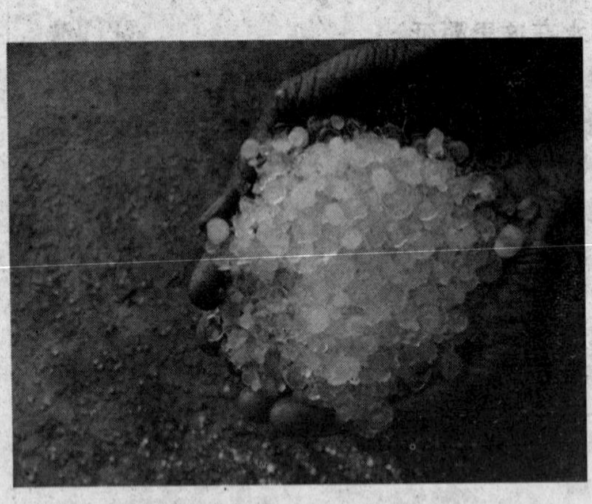
◆玻璃珠大小的冰雹

冰雹（Hail）也叫“雹”，俗称雹子，有的地区叫“冷子”，夏季或春夏之交最为常见。它是一些小如绿豆、黄豆，大似栗子、鸡蛋的冰粒。冰雹通常发生在风暴期间，如豆大的冰雹颗粒并不罕见。冰雹的降落往往会给人们带来大小不同的灾难。尽管大多数冰雹的直径只有几毫米，不过有些冰雹的直径可达几厘米甚至更大，但很少有冰雹的直径会超过 6 厘米。

印度北部地区和孟加拉一带，因为冰雹而导致死亡的新闻绝对比世界上任何一个地方都来得多；这里也曾发现过到目前为止所测量到的最大颗冰雹。在中国所发生的致命的冰雹雨大家也略有所闻。俄罗斯和大部分东欧地区较常出现大型冰雹。美国的平原州及与加拿大的邻近州经常受到夹杂冰雹的暴风雨吹袭，其中包括怀俄明州、科罗拉多州、堪萨斯州和内布拉斯加州特别容易受到特别严重的雹暴侵袭. 这会对农作物造成严重的损害。非洲南部亦常受到猛烈的冰雹影响。通常，小型的冰雹不一定都会随着雷暴雨而来，特别是冬天，在美国西北部地区和加拿大西部的沿海一带，以及英国众岛屿都可以遇到。

◆直径足足有 6 厘米的大冰雹

知 识 库

中国冰雹最多的地区

例如西藏东北部的黑河（那曲），每年平均有 35.9 天冰雹（最多年曾有 53 天，最少也有 23 天）；其次是班戈 31.4 天，申扎 28 天，安多 27.9 天，索县 27.6 天，均位于青藏高原。

点击——冰雹对人类的危害

冰雹对农业的影响是巨大的，每年的夏秋季节是我国雹灾发生次数最多的时段。冰雹的危害最主要表现在冰雹从高空急速落下，发展和移动速度较快，冲击力大，再加上猛烈的暴风雨，使其摧毁力得到加强，经常让农民猝不及防，直接威胁人畜生命安全。直径较大的冰雹会给正在开花结果的果树、玉米、蔬菜等农作物造成毁灭性的破坏，造成粮田颗粒无收，

◆冰雹给农业带来灾害

丰收在望的农作物在顷刻之间化为乌有。

为什么夏天下冰雹

◆冰雹可毁坏居民房屋

夏天天气炎热，太阳把大地烤得滚烫，容易产生大量的近地面湿热空气。湿热空气快速上升，温度急骤下降，有时甚至低到－30℃。热空气中的水汽遇冷凝结成水滴，并很快冻结起来形成小冰珠。小冰珠在云层中上下翻滚，不断将周围的水滴粘附凝结成冰，变得越来越重，最后就从高空砸了下来，这就是冰雹。可见，冰雹只有在热湿气流强烈上升时才能产生。据估计，其气流上升速度必须超过每秒 20 米。所以，冰雹多在夏季产生。而在冬季，近地面气温很低，不可能产生强大的快速上升气流，所以也就无法形成冰雹了。冰雹的产生有很大害处，它毁坏庄稼，砸毁房屋，还殃及人畜。现在，人们已研究出有效的手段，在冰雹还未出现之前，先行人工降雨，使冰雹无法形成，以消除冰雹带来的灾害。

我国是世界上人工防雹较早的国家之一。目前常用的人工防雹方法有：用火箭、高炮或飞机直接把碘化银、碘化铅、干冰等催化剂送到云层里，让这些物质在雹云里起雹胚作用，使雹胚增多，冰雹变小；在地面上向雹云放火箭、打高炮，或在飞机上对雹云放火箭、投炸弹，以破坏对雹云的水分输送；用火箭、高炮向暖云部分撒凝结核，使云形成降水，以减少

◆83 型人工消雹催雨弹

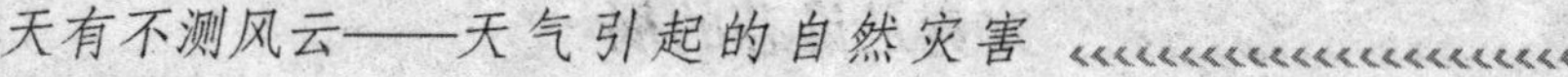

云中的水分；在冷云部分撒冰核，以抑制雹胚增长。

科技文件夹

尽管一日之内任何时间均有降雹，但是在全国各个地区都有一个相对集中的降雹时段。有关资料分析表明，我国大部分地区降雹时间70%集中在地方时13～19点，以14～16点为最多。

冰雹是如何形成的?

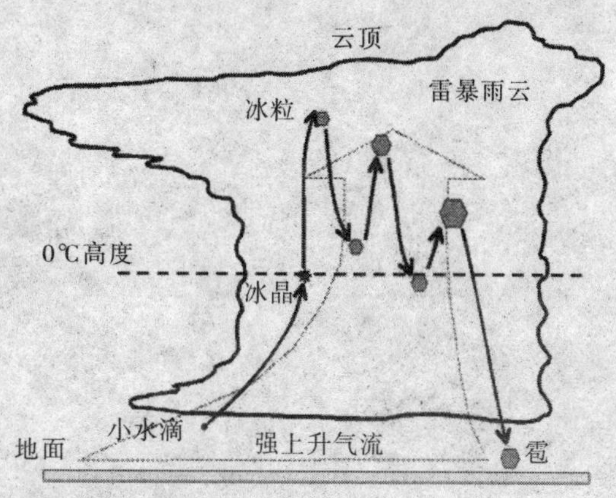

◆冰雹形成示意图

冰雹是发展特别旺盛的积雨云的产物。冰雹是在对流云中形成，当水汽随气流上升遇冷会凝结成小水滴，若随着高度增加温度继续降低，达到摄氏零度以下时，水滴就凝结成冰粒，在它上升运动过程中，并会吸附其周围小冰粒或水滴而增大，直到其重量无法为上升气流所承载时即往下降，当其降落至较高温度区时，其表面会融解成水，同时亦会吸附周围之小水滴，此时若又遇强大之上升气流再被抬升，其表面则又凝结成冰，如此反复进行如滚雪球般其体积越来越大，直到它的重量大于空气之浮力，即往下降落，若达地面时未融解成水仍呈固态冰粒者称为冰雹，如融解成水就是我们平常所见的雨。

1. 你见过下冰雹吗？每个冰雹一般有多大？

2. 冰雹对人类有什么危害？

3. 冰雹是怎样形成的？它的形成需要什么条件？为什么冰雹发生在夏天？

4. 人们用哪些方法预防冰雹灾害的发生？

自然对人类的惩罚——沙尘暴

阳春三月，春暖花放，万木争荣，人们都怡然自得地享受着美好的春光。然而与这一清丽、温和的季节极不和谐的音符——沙尘暴也随之悄然降临，它给人们带来的并不是美好的信息：天空灰蒙蒙，沙尘上下翻飞，所到之处，城市、村庄、田野、道路无不被它狂放的尘埃所笼罩。沙尘暴的反复来临明确地告诉着我们一个千真万确的事实：我们生存的这个环境已面临着严峻的生态危机。那么这些春天讨厌的“客人”究竟来自何方呢？下面就带你了解沙尘暴。

◆沙尘暴红色预警

小 知 识

根据其强度由高到低可依次分为沙尘暴、扬沙和浮尘三个等级。沙尘暴是指空气非常浑浊，水平能见度在 1 千米以内。

中国古籍里有上百处关于“雨土”、“雨黄土”、“雨黄沙”、“雨霾”的记录，最早的“雨土”记录可以追溯到公元前 1150 年：天空黄雾四塞，沙土从天而降如雨。这里记录的其实就是沙尘暴。

沙尘暴是沙暴和尘暴两者兼有的总称，是指强风把地面大量沙尘物质吹起卷入空中，使空气特别混浊，水平能见度小于 1 千米的严重风沙天气现象。其中沙暴系指大风把大量沙粒吹入近地层所形成的挟沙风暴；尘暴则是大风把大量尘埃及其他细粒物质卷入高空所形成的风暴。

沙尘暴缘起土壤风蚀

土壤风蚀是沙尘暴发生、发展的首要环节。风是土壤最直接的动力，其中气流性质、风速大小、土壤风蚀过程中风力作用的相关条件等是最重要的因素。另外土壤含水量也是影响土壤风蚀的重要原因之一。

◆沙尘暴排山倒海席卷村落

沙尘暴发生不仅是特定自然环境条件下的产物，而且与人类活动有对应关系。人为过度放牧、滥伐森林植被，工矿交通建设尤其是人为过度垦荒破坏地面植被，扰动地面结构，形成大面积沙漠化土地，直接加速了沙尘暴的形成和发育。

◆土壤风蚀形成的地貌

◆黄土高原上的黄土由风从西北吹过来而沉积在这里

在中国西北部和中亚内陆的沙漠和戈壁上，由于气温的冷热剧变，这里的岩石比别处可更快地崩裂瓦解，成为碎屑，地质学家按直径大小依次把它们分成：砾（大于2毫米）、沙（0.05～2毫米）、粉沙（0.005～0.05

毫米)、黏土(小于0.005毫米)。黏土和粉沙颗粒，能被带到3500米以上的高空，进入西风带，被西风急流向东南方向搬运，直至黄河中下游一带才逐渐飘落下来。

两三百万年以来，亚洲的这片地区从西北向东南搬运沙土的过程从来没有停止过，沙土大量下落的地区正好是黄土高原所在的地区，连五台山、太行山等华北许多山的顶上都有黄土堆积。当然，中国北部包括黄河在内的几条大河以及数不清的沟谷对地表的冲刷作用与黄土的堆积作用正好相反，否则的话，黄土高原一定不会是现在这样——厚度不超过409.93米。太行山以东的华北平原也是沙土的沉降区，但是这里是一个不断下沉的区域，同时又发育了众多河流，所以落下来的沙土要么被河流冲走，要么就被河流所带来的泥沙埋葬了。

科技文件夹

沙尘暴的形成及其大小，直接取决于风力、气温、降水及与其相关的土壤表层状况。气温高、降雨少、大风多是形成沙尘暴天气的主要原因，生态环境和城市建设中的问题也是重要原因。

点击——沙尘暴对生产生活的影响

沙尘暴携带的大量沙尘蔽日遮光，天气阴沉，造成太阳辐射减少，几小时到十几个小时恶劣的能见度，容易使人心情沉闷，工作学习效率降低。轻者可使大量牲畜患染呼吸道及肠胃疾病，严重时将导致大量“春乏”牲畜死亡，刮走农田沃土、种子和幼苗。沙尘暴还会使地表层土壤风蚀、沙漠化加剧，覆盖在植物叶面上厚厚的沙尘，影响正常的光合作用，造成作物减产。

◆沙尘暴来袭，就像下了“黄沙雨”

扬沙、沙尘暴与浮尘

◆沙尘暴形成示意图

扬沙与沙尘暴都是由于特定区域地表尘沙被大气流剧烈活动带起造成的。其共同特点是能见度明显下降，空气混浊。两者大多在北方春季冷空气过境时出现，所不同的是扬沙天气影响的能见度约在 1～10 千米。而沙尘暴天气的能见度甚至小于 1 千米。浮尘则是由于当地或附近地区沙尘暴或扬沙后，尘沙等细粒浮游空中而形成，俗称“落黄沙”，出现时白昼如同黄昏，太阳呈苍白色或淡黄色，能见度约小于 10 千米，大致出现在冷空气过境前后。

◆土壤的风蚀和水土流失前后对比

近年来，我国北方地区春天气温常常偏高，使土壤解冻的时间比往年提前，加速了土壤水分的蒸发。而北方地区冬春降水稀少，地表土壤干燥、疏松，植被还未形成，难以抑制沙尘天气的产生。与此同时，全球性气候变暖、厄尔尼诺现象等气候异常，造成冷空气活动异常频繁，多大风天气，为沙尘天气的形成提供了动力。

我国西北和华北北部干旱半干旱地区生态环境脆弱，人为破坏活动造成土地沙化不断扩展，为沙尘天气提供了重要土沙物质。此外，北方城市建设中在建工地很多，由于缺乏工地表土保护设施，表土裸露，旋风刮来，极易扬尘，也是加剧沙尘天气的一个重要原因。

沙尘暴天气经常影响交通安全，造成飞机不能正常起飞或降落，使汽车、火车停运或脱轨，车厢玻璃破损。

点击——生态环境的恶化

沙尘暴天气是我国西北地区和华北北部地区出现的强灾害性天气，可造成房屋倒塌、交通供电受阻或中断、火灾、人畜伤亡等，污染自然环境，破坏作物生长，给国民经济和人民生命财产安全造成严重的损失和极大的危害。

出现沙尘暴天气时，狂风裹着沙石、浮尘到处弥漫，凡是经过地区空气浑浊，呛鼻迷眼，呼吸道等疾病人数增加。如1993年5月5日发生在金昌市的强沙尘暴天气，监测到的室外空气含尘量为1016毫米/立方厘米，室内为80毫米/立方厘米，超过国家规定的生活区内空气含尘量标准的40倍。

◆这种空气质量让人类如何生存

2010 年春沙尘暴横扫中国

2010 年 3 月下旬从西北部吹来的风携带来自新疆、宁夏及甘肃和内蒙古的沙尘横扫中国干旱的北方。沙尘甚至被吹到南方。在旅游城市杭州，优雅的小桥和湖畔的亭台楼阁都湮没在沙尘和其他污染物中。

沙尘暴席卷了中国的大片地区，迫使居民戴上口罩和围巾以抵御有害的沙尘。这是沙漠化效应的最新迹象，过度放牧、砍伐森林、城市扩张以及干旱已使我国北部和西部的沙漠进一步扩大。流沙逐步侵占了人口聚居地区，并令侵袭城市的沙尘进一步恶化，尤其是在春季。首都北京的摩天大厦都笼罩在由沙子、尘土和污染物混合的灰色中。人们在路上行色匆匆，尽量避免吸入可能引发胸部不适和呼吸问题的小颗粒。

◆在卫星上就可以观察到沙尘暴

由于过度放牧、砍伐森林、城市扩张和干旱，不断扩大的沙漠如今约覆盖了我国 1/3 的国土。流沙已导致沙尘暴的陡增，由此产生的细沙粒最远曾到达美国西部。在过去 50 年中，沙尘暴的数量已跃升了 6 倍，达到每年 24 次。中国近年来已种植了大量植被以阻止北部和西部沙漠的蔓延，但专家说，这项工作需要几十年时间。

沙尘天气如何保护个人健康

医疗专家指出，沙尘对人体的呼吸系统危害最大，人们不可轻视。特别是抵抗力较差的老年人、婴幼儿以及患有呼吸道过敏性疾病的人群，更应该呆在门窗紧闭的室内，尽可能远离沙尘。

在沙尘天气中，尤其是沙尘暴发生的情况下，可能诱发人的过敏性疾病、流行病及传染病。通常情况下，人的鼻腔、肺等器官对尘埃有一定的过滤作用，但沙尘暴这种剧烈天气现象带来的细微粉尘过多过密，极有可

◆沙尘暴中漫步不健康

能使患有呼吸道过敏性疾病的人群旧病复发。即使是身体健康的人，如果长时间吸入沙尘，也会出现咳嗽、气喘等多种不适症状，导致流行病发作。此外，大风跨越几千千米，将沿途的病菌吹到下风向地区，其中可能包括一些传染病菌。

医疗专家建议，城市里有一部分人群因职业需要必须在室外活动时，最好用湿毛巾、纱巾保护眼睛和口。在沙尘天气中，人们应该多喝水，宜食清淡食物。

广角镜——沙逼人退，民勤绿洲逐年"消瘦"

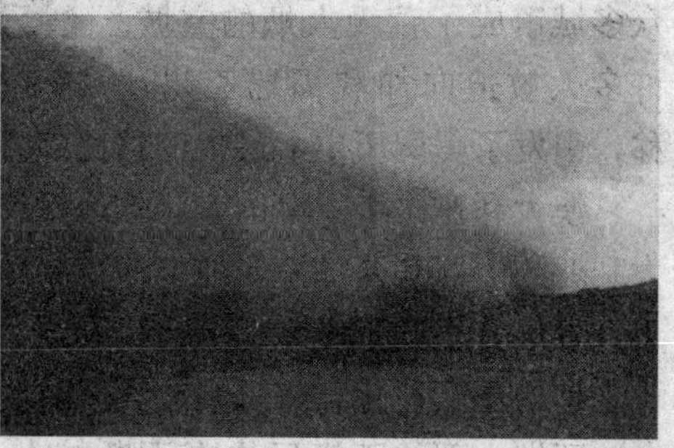

◆沙逼人退

民勤县，位于河西走廊东北部、石羊河流域最下游，隶属甘肃省武威市，其东、西、北三面连接腾格里沙漠和巴丹吉林沙漠。近20年间，由于石羊河上游的垦区拦蓄引水，气候趋于干旱，绿洲已由过去的阻沙天堑变为沙源，水干风起，沙逼人退。大面积的挖井取水导致地下水位每年以1米的速度下降，腾格里沙漠和巴丹吉林沙漠的流沙以平均每年近20米的速度向民勤逼近，有的村因无力固守只能整体迁移，有的村只剩一两户居民。时至今日，这里已成为全国最干旱、荒漠化最严重的地区之一，也是我国北方地区沙尘暴四大发源地之一。

世界四大沙尘暴多发区

目前全球1/4的陆地面积遭到荒漠化的危害，世界上共有四大沙尘暴多发区，它们分别是：北美洲、澳大利亚、中亚以及中东地区。

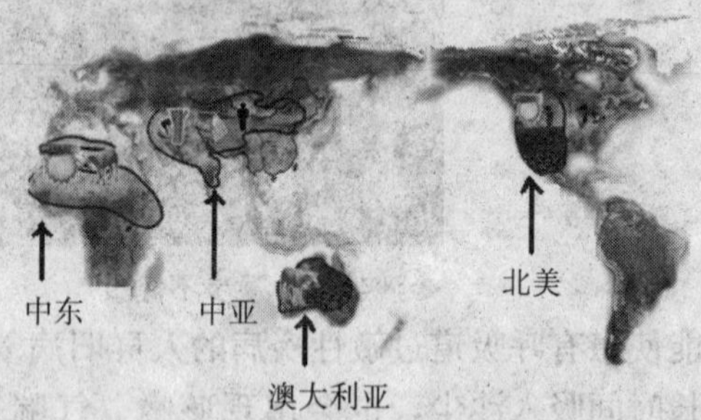

◆世界四大沙尘暴多发区

北美洲的沙漠主要分布于美国西部和墨西哥的北部。在与沙漠接壤的荒漠干旱区，沙尘暴时有发生，甚至在大平原上爆发了历史上著名的“黑风暴”。北美洲沙尘暴发生的原因主要是土地利用不当、持续干旱等。20世纪30年代美国西部大平原发生了一场特大的沙尘暴，被称为“黑风暴”，在这场美国历史上最严重的沙尘暴中，大平原损失了3亿吨的肥沃土壤。浩劫之后，几百万公顷的农田废弃，几十万人流离失所，众多城镇成了荒无人烟的空城。许多人被迫向加利福尼亚州迁移，引发了美国历史上最大的移民潮。

◆中美联合研制的沙尘暴预警系统

澳大利亚是个干旱国家，陆地面积的75%属于干旱和半干旱地区。澳大利亚的中部和西部海岸地区沙尘暴最为频繁，每年平均有5次之多。由于许多地方气候干燥，加上耕作和放牧，土壤表层缺乏植被的覆盖，导致了土地的逐渐沙化，一旦刮起大风，沙尘暴就会发生。

亚洲中部的荒漠区也在不断扩大，中亚五国是荒漠化比较严重的地区，总面积有近400万平方千米。由于人口的快速增加，过量灌溉用水，乱砍滥伐森林，超载放牧，草场退化，沙漠化十分严重。中亚地区盐土面积非常辽阔，达到15万平方千米，所以造成了沙尘暴和盐尘暴的混

◆沙尘暴袭击悉尼歌剧院

◆沙特阿拉伯的沙尘暴天气

合发生。

中东地区的沙尘暴主要在非洲撒哈拉沙漠南缘地区，从 20 世纪 70 年代初到 80 年代中期，由于连年旱灾以及过量放牧和开垦，造成草场退化，田地荒芜，沙漠化土地蔓延，导致沙尘暴加剧，人们的生活环境急剧恶化。频繁的沙尘暴还殃及其他地区，有的沙尘被风带过大西洋到达了南美洲亚马孙河流域，还有的沙尘被吹到了欧洲。

点 击

重视沙尘暴

沙尘暴虽然危害甚大，却也是地球自然生态当中的一个必经的过程，因为自人类有史以来，便有沙尘暴的出现了。只是我们应该更积极地解决异常气候变化所对于环境的危害性。

链接：生命财产的损失

1993 年 5 月 5 日，发生在甘肃省金昌市、武威市、武威市民勤县、白银市等地的强沙尘暴天气，受灾农田 253.55 万亩（约 16.9 万公顷），损失树木 4.28 万株，造成直接经济损失达 2.36 亿元，死亡 50 人，重伤 153 人。2000 年 4 月

12日，永昌、金昌、武威、民勤等地市强沙尘暴天气，据不完全统计仅金昌、武威两地直接经济损失达1534万元。

1. 你经历过沙尘暴吗？它可以分为哪三个等级？

2. 沙尘暴发生的最根本的原因是什么？

3. 沙尘暴是怎样形成的？它的形成取决于什么因素？为什么我国西北和华北地区多沙尘暴？

4. 沙尘暴可以给人类带来哪些危害？世界四大沙尘暴多发区分布在哪里？

饥渴的大地——旱灾

◆干旱土地龟裂

“辽西内陆大灾年，百日接连无雨天。持续高温难忍耐，经常酷热步维艰。逢风五谷能吹倒，遇火秧禾可点燃。万亩农田遭重旱，悲歌半曲泪轻弹。”这首诗描绘了遭受旱灾的情景和无奈的心情。旱灾，这是困扰古今中外百姓的自然灾害，它源起何因？又有什么解决之道？在这一节里为你一一讲述。

干旱和旱灾

仅仅从自然的角度来看，干旱和旱灾是两个不同的科学概念。干旱通常指淡水总量少，不足以满足人的生存和经济发展需要的气候现象。干旱一般是长期的现象，而旱灾却不同，它只是属于偶发性的自然灾害，甚至在通常水量丰富的地区也会因一时的气候异常而导致旱灾。干旱和旱灾从古至今都是人类面临的主要自

◆我国干旱地区面积也很大

然灾害。即使在科学技术飞速发展的今天，它们造成的灾难性后果仍然比比皆是。尤其值得注意的是，随着人类的经济发展和人口膨胀，水资源短缺现象日趋严重，这也直接导致了干旱地区的扩大与干旱化程度的加重，如今干旱化趋势已成为全球关注的问题。

广角镜——鱼米之乡成黄土高坡

文山壮族苗族州是云南旱灾最严重的地方，在前往砚山县的路上，时不时可见改装后的拉水车来往穿梭。水洒在路上，转眼间不见任何痕迹。远处的山上岩石在阳光的照耀下闪着光芒。谁能想象，眼前的“黄土高坡”过去竟是让当地人自豪的“鱼米之乡”。因为干旱井底全部开裂，裂缝有人的胳膊那么粗。只有井台边上还有一个 30 厘米见方的小水坑，水非常混浊。这个小水坑每天往外冒一两桶水，村民把它用水瓢舀出来，澄清之后饮用。全村的供水只能靠 7 辆拉水车早晚两次来送，都要到 20 千米左右远的地方拉水。每家每天最重要的事情就是等着拉水车来接水。

◆过去的鱼米之乡，如今土地已经开裂

旱灾形成原因透析

旱灾是普遍性的自然灾害，不仅农业受灾，严重的还影响到工业生产、城市供水和生态环境。中国通常将农作物生长期内因缺水而影响正常生长称为受旱，受旱减产三成以上称为成灾。经常发生旱灾的地区称为易旱地区。

旱灾的形成主要取决于气候。通常将年降水量少于 250 毫米的地区称为干旱地区，年降水量为 250～500 毫米的地区称为半干旱地区。世界上干

◆因干旱而开裂的土地

旱地区约占全球陆地面积的25%，大部分集中在非洲撒哈拉沙漠边缘、中东和西亚、北美西部、澳大利亚的大部和中国的西北部。这些地区常年降雨量稀少而且蒸发量大，农业主要依靠山区融雪或者上游地区来水，如果融雪量或来水量减少，就会造成干旱。世界上半干旱地区约占全球陆地面积的30%，包括非洲北部一些地区、欧洲南部、西亚、南亚、北美中部以及中国北方等。这些地区降雨较少，而且分布不均，因而极易造成季节性干旱，或者常年干旱甚至连续干旱。

我国大部属于亚洲季风气候区，降水量受海陆分布、地形等因素影响，在区域间、季节间和多年间分布很不均衡，因此旱灾发生的时期和程度有明显的地区分布特点。秦岭淮河以北地区春旱突出，有“十年九春旱”之说。黄淮海地区经常出现春夏连旱，甚至春夏秋连旱，是全国受旱面积最大的区域。长江中下游地区主要是伏旱和伏秋连旱，有的年份虽在梅雨季节，还会因梅雨期缩短或少雨而形成干旱。西北大部分地区、东北

◆因干旱造成农作物欠收

地区西部常年受旱。西南地区春夏旱对农业生产影响较大，四川东部则经常出现伏秋旱。华南地区旱灾也时有发生。

万花筒

2010 年特大旱情肆虐中国西南

都说大自然是万物的母亲，但在 2010 年春天，这位“母亲”竟如此的吝啬、无情，把罕见的旱灾带到我国的西南地区，河水干涸、田地荒芜、野草枯死、颗粒无收。截至 2010 年 3 月 19 日，大旱已造成广西、重庆、四川、贵州、云南 5 省 5000 多万人受灾，农作物受灾面积 4348.6 千公顷，其中绝收面积 940.2 千公顷。因灾直接经济损失超过 190 亿元。

广角镜——大旱“吸干”漓江之水

昔日被世人美誉为“山水甲天下”的桂林，山与水紧密相连、缺一不可；而 2010 年 3 月，一场 60 年不遇的大旱彻底摧毁了桂林的“秀水”，只留下远处群山孤寂的身影。来到漓江，让人心痛不已：往两边看，偌大的漓江似乎变成了一条小溪，大部分河床已经裸露了出来，引得许多孩童在上面捡石子；往下看，漓江水底的石子清晰可见，来回穿梭的游船不时地拐弯以避开浅滩。在漓江天湖码头，一根硕大的防洪警戒柱“孤独”地矗立在江岸上，失去了江水的相伴，柱子底部已经裸露出来，沿着防洪柱往漓江里面走上几十米才能到水边。往昔江水每年都会到红色警戒线的位置，今年与洪水期时比，江水少了 90%以上。

◆干旱“吸干”漓江之水

防旱与抗旱的措施

自然界的干旱是否造成灾害，受多种因素影响，对农业生产的危害程度则取决于人为措施。世界范围各国防止干旱的主要措施是：①兴修水利，发展农田灌溉事业；②改进耕作制度，改变作物构成，选育耐旱品种，充分利用有限的降雨；③植树造林，改善区域气候，减少蒸发，降低干旱风的危害；④研究应用现代技术和节水措施，例如人工降雨、喷滴灌、地膜覆盖、蓄水保墒，以及暂时利用质量较差的水源，包括劣质地下水以至海水等。

◆农田灌溉

◆田间地头兴修水利

1949 年以来，我国兴修了大量水利工程，发展排灌事业，提高了抗旱能力。至 1987 年底，排灌机械保有量 593.5 万台、6242.2 万千瓦，配套机电井 243 万眼，全国有效灌溉面积达 0.48 亿公顷。1978 年虽遭特大干旱，由于各类水利工程发挥作用，通过引、提、蓄等多种措施，挖掘水源，扩大灌溉面积，仍保证了当年农业生产。我国人民积累起来的蓄水保墒、抗旱耕作措施，在战胜干旱中起了一定的作用。但是，全国不少地区抗旱灾的能力还较低，旱灾威胁依然存在，抗旱任务仍很艰巨。

1. 什么是干旱？你所生活的地区属于易发干旱的地区吗？

2. 旱灾形成的原因是什么？

3. 为了和干旱作斗争，人类发明了哪些方法？

4. 2010年，我国旱灾发生在哪里？为什么以往是鱼米之乡的地方会发生干旱？

滴水成冰——冻雨

◆冻雨将花朵“封藏”在冰里

窗外是一片银色闪光的大地，是一场冻雨绣出了一片晶莹的世界。我赶紧跑下楼去，看见树枝上裹着一层薄冰，琼枝玉叶，迎着阳光闪烁，就像仙女抛下的花瓣，像玉叶，像银花，晶莹，美丽。有的“冻雨”落在电线、树枝、地面上，随即结成外表光滑的一层薄冰，冰越结越厚，积聚过程中还边流动边冻结，形成了一串串钟乳石似的冰柱、冰穗，它们晶莹透亮，在阳光照耀下，放射出五彩光芒，煞是好看！冻雨情景虽然好看，但是它对人们的生活带来了诸多不便。

究竟什么是冻雨?

◆冻雨压坏树木

冻雨是初冬或冬末春初时节出现的一种天气现象。当雨滴从空中落下来时，由于近地面的气温很低，在电线杆、树木、植被及道路表面都会冻结上一层晶莹透亮的薄冰，气象上把这种天气现象称为“冻雨”。我国南方一些地区把冻雨又叫做“下冰凌”，北方地区称它为“地油子”。这种雨从天

◆屋檐下结了长长的冰凌

空落下时是低于 0℃的过冷水滴，在碰到树枝、电线、枯草或其他地上物，就会在这些物体上冻结成外表光滑、晶莹透明的一层冰壳，有时边冻边淌，像一条条冰柱。这种冰层在气象学上又称为“雨凇”或冰凌。如遇毛毛雨时，则出现“粒凇”，粒凇表面粗糙，粒状结构清晰可辨；如遇较大雨滴或降雨强度较大时，往往形成“明冰凇”，明冰凇表面光滑，透明密实，常在电线、树枝或舰船上一边流一边冻，形成长长的冰挂。我国出现冻雨较多的地区是贵州省，其次是湖南省、江西省、湖北省、河南省、安徽省、江苏省及山东省、河北省、陕西省、甘肃省、辽宁省南部等地，其中山区比平原多，高山最多。

链接：辽宁遭遇 10 年来最严重冻雨

2010 年 2 月 24～25 日凌晨，辽宁省大部分地区降冻雨，是当地自 1999 年来最严重的一次。此次冻雨造成沈阳至北京间旅客列车停运 3 列、晚点 107 列，同时冻雨天气造成沈阳北部地区部分供电中断，致使无法供水。辽宁省内 16 条高速公路封闭；铁路接触网严重结冰，部分旅客列车受阻晚点超过 10 小时；多架航班不能正常起降。

◆技术人员为飞机除冰

气象专家表示，南方经常出现的冻雨在我国东北地区并不多见，它对交通和电力安全有着严重影响。

冻雨的成因透析

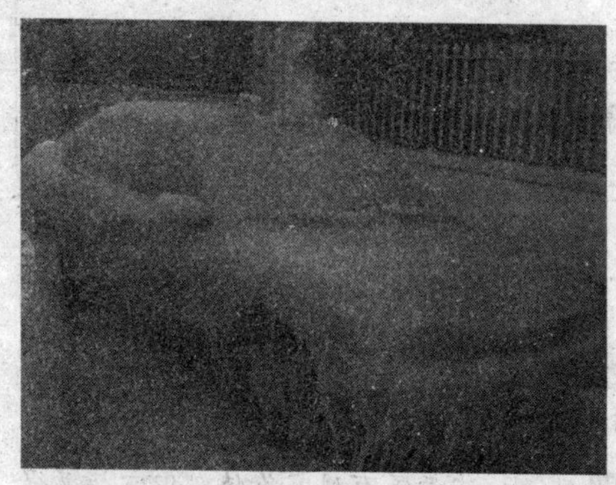

◆冻雨将汽车冻了个结实，车门都无法打开

入冬，雨落在树木、高楼、山岩、电杆等物体上，立即结成了冰，老百姓习惯叫“滴水成冰”。这种雨在气象学上叫“冻雨”（它的凝聚物叫“雨凇”）。它和人们常说的一般水滴不同，而是一种过冷却水滴（温度低于 0℃），在云体中它本该凝结成冰粒或雪花，然而找不到冻结时必需的冻结核，于是它成了碰上物体就能结冻的过冷却水滴。

冻雨是由过冷水滴组成，与温度低于 0℃的物体碰撞立即冻结的降水。低于 0℃的雨滴在温度略低于 0℃的空气中能够保持过冷状态，其外观与一般雨滴相同，当它落到温度为 0℃以下的物体上时，立刻冻结成外表光滑而透明的冰层，称为“雨凇”。严重的雨凇会压断树木、电线杆，使通信、供电中止，妨碍公路和铁路交通，威胁飞机的飞行安全。冻雨出现时地面往往不太寒冷（0～3℃），上空为逆温，有一层温度高于 0℃的暖层。降水在暖层里为雨滴，下落到近地面大气中就成为过冷却的冻雨，往往会造成一些危害。

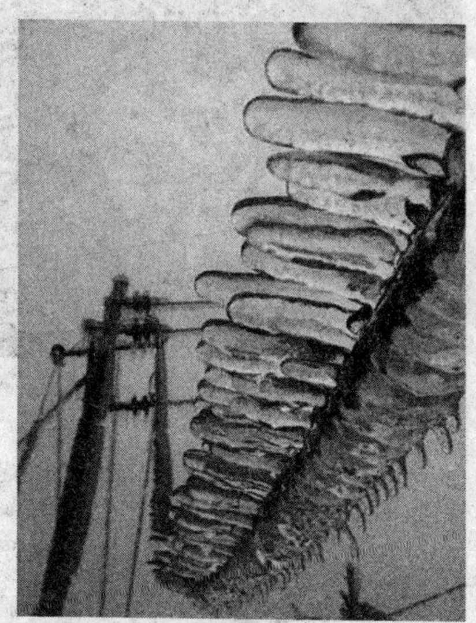

◆电线上结满了厚厚的冰凌，加重了电线杆的负担

如果雨滴不断地落在这些结了冰的物体表面时，就慢慢地形成一条条冰柱，太阳出来后，在阳光的照耀下冰柱闪闪发亮，分外妖娆。冻雨给人们增添了秀丽动人的景色，但它造成的危害也是十分严重的。农作物遇到

冻雨后被冻伤、冻死；地面上结冰，交通事故将剧增。

小 知 识

如果电线上结上冰凌后增加了重量，遇冷会发生收缩，使得电线绷断，导致通信和输电中断事故。所以，持续数天出现冻雨，其造成的灾害还是很大的。

广角镜——冻雨的危害

◆冻雨冻坏农作物

冻雨虽有观赏价值，但它毕竟是一种灾害性天气，它所造成的危害是不可忽视的。电线结冰后，遇冷收缩，加上冻雨重量的影响，就会绷断。有时，成排的电线杆被拉倒，使电讯和输电中断。公路交通因地面结冰而受阻，交通事故也因此增多。农田结冰，会冻死返青的冬麦，或冻死早春播种的作物幼苗。另外，冻雨还能大面积地破坏幼林、冻伤果树等。冻雨发生时，风力往往较大，所以冻雨对交通运输，特别对通信和输电线路影响更大。

拓展思考

1. 什么是冻雨？你见过冻雨吗？
2. 冻雨形成的根本原因是什么？
3. 冻雨会给人们的生活带来怎样的危害？

不安分的挤压

——板块运动引起的自然灾害

坚硬的地壳并不是“铁板一块”，位于地表以下 70～100 千米厚的岩石层也不像蛋壳那样完整。无论是在大洋底下或大陆底下的岩层，原来都是由一块块大板块构成的。

所有这些板块，都漂浮在具有流动性的地幔软流层之上。随着软流层的运动，各个板块也会发生相应的运动。板块间也在发生着挤压、隆起以及俯冲。这些运动表现在地球表面就形成了地震、火山爆发、海啸等自然灾害。

这些自然灾害是人与自然矛盾的一种表现形式，具有自然和社会两重属性，是人类过去、现在、将来所面对的最严峻的挑战之一。

来自地心的咆哮——地震

地球在整个地质时期都经受过地震，有文字记载的地震可追溯到过去的几千年。在中国，学者们曾从很早以前的历代文献、文学作品及其他来源得到地震证据。但是他们对灾难性地动的原因并未达到真知，占主导的想法是把地震与其他自然灾难联系起来，诸如洪水、干旱和瘟疫等，并从超自然的关系中寻求原因。直至20世纪末岩石滑动和地震之间的物理联系才被人们认识到。

◆地震后

什么是地震

一般而言，地震一词可指自然现象或人为破坏所造成的地震波。人为自然地形的破坏、大量气体（尤其是沼气）迁移或提取、水库蓄水、采矿、油井注水、地下核试验等；自然的火山活动、大型山崩、地下空洞塌陷、大块陨石坠落等均可引发地震。地震发源于地下某一点，该

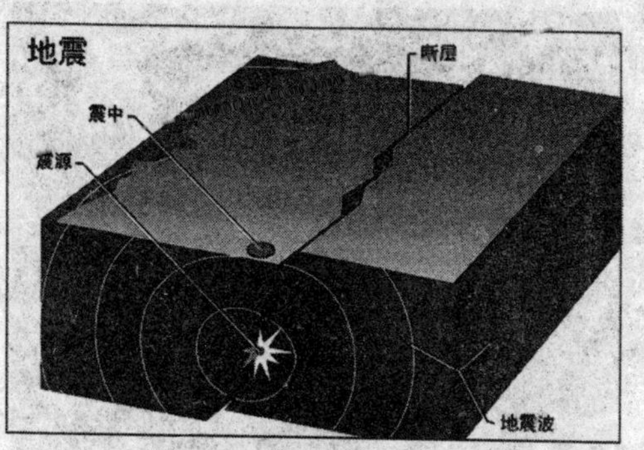

◆这是一幅地震发生的基本原理图

点称为震源，振动从震源传出并传播。地面上离震源最近的一点称为震中，它是接受振动最早的部位。大地振动是地震最直观、最普遍的表现。

地震可由地震仪所测量，地震的震级是用作表示由震源释放出来的能量，通常以“里氏震级”来表示；烈度则透过“修订麦加利地震烈度表”来表示，某地点的地震烈度是指地震引致该地点地壳运动的猛烈程度，是由振动对个人、家具、房屋、地质结构等所产生的影响来断定。比如说，一个7级地震相当于30个6级地震，或相当于900个5级地震，震级相差0.1级，释放的能量平均相差1.4倍。地震时一定点地面震动强弱的程度叫地震烈度。中国将地震烈度分为12度。在地球的表面，地震会使地面发生振动，有时则会发生地面移动。振动可能引发山泥倾泻甚至火山活动。如地震发生在海底，海床的移动甚至会引发海啸。

小知识

通常把小于2.5级的地震叫小地震，2.5～4.7级的地震叫有感地震，大于4.7级的地震称为破坏性地震。震级每相差1级，地震释放的能量相差约30倍。

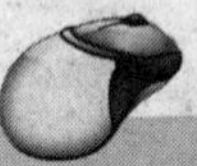

点击：地震的成因

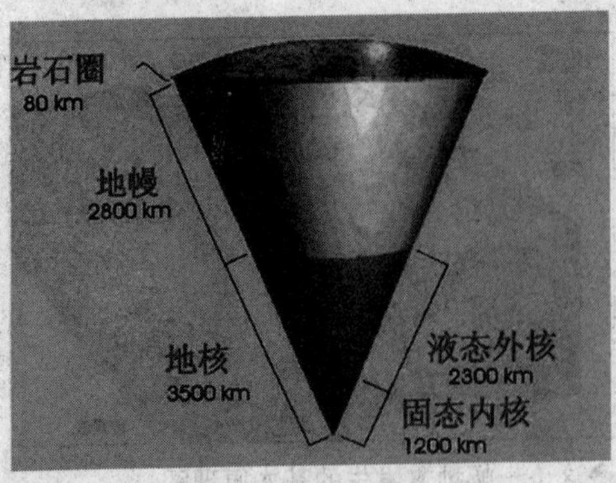

◆地球内部的圈层结构剖面图

地球的结构就像鸡蛋，可分为三层。中心层是“蛋黄”——地核；中间是“蛋清”——地幔；外层是“蛋壳”——地壳。地震一般发生在地壳之中。地球在不停地自转和公转，同时地壳内部也在不停地变化。由此而产生力的作用，使地壳岩层变形、断裂、错动，于是便发生地震。

世界上三大地震带

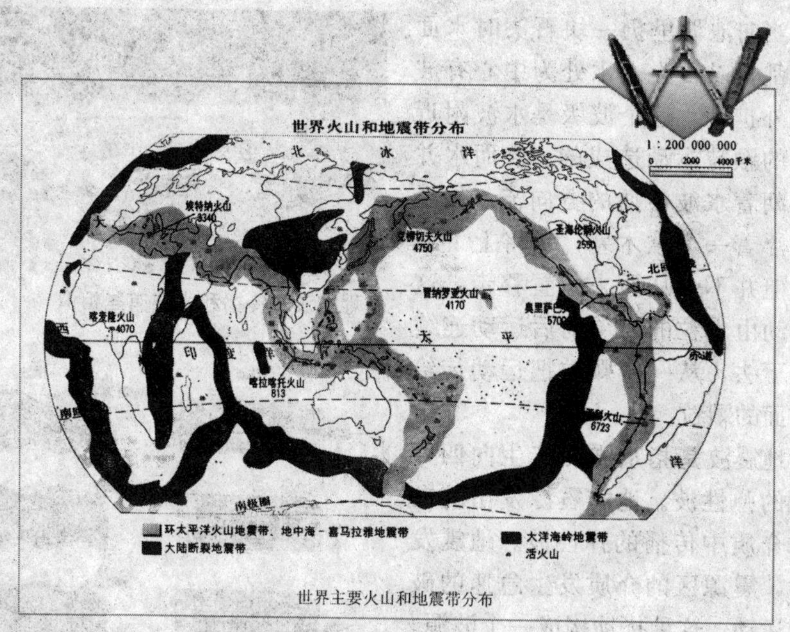

世界主要火山和地震带分布

◆世界主要火山和地震带分布

1. **环太平洋地震带** 包括南、北美洲太平洋沿岸，阿留申群岛、堪察加半岛、千岛群岛、日本列岛，经中国台湾再到菲律宾转向东南直至新西兰，是地球上地震最活跃的地区，集中了全世界80%以上的地震。

环太平洋地震带是在太平洋板块和美洲板块、亚欧板块、印度洋板块的消亡边界，南极洲板块和美洲板块的消亡边界上。

2. **欧亚地震带** 大致从印度尼西亚西部，缅甸经中国横断山脉，喜马拉雅山脉，越过帕米尔高原，经中亚细亚到达地中海及其沿岸。此地震带是在亚欧板块和非洲板块、印度洋板块的消亡边界上。

3. **中洋脊地震带** 包含延绵世界三大洋（即太平洋、大西洋和印度洋）和北极海的中洋脊。中洋脊地震带仅含全球约5%的地震，此地震带的地震几乎都是浅层地震。

什么是地震波?

当向池塘里扔一块石头时水面被扰乱，以石头入水处为中心有波纹向外扩展。这个波级是水波附近的水的颗粒运动造成的。然而水并没有朝着水波传播的方向流；如果水面浮着一个软木塞，它将上下跳动，但并不会从原来位置移走。这个扰动由水粒的简单前后运动连续地传下去，从一个颗粒把运动传给更前面的颗粒。

◆地震波的传播和水波有些相似

地震波是指从震源产生向四外辐射的弹性波。地震震源发出的在地球介质中传播的弹性波。地震发生时，震源区的介质发生急速的破裂和运动，这种扰动构成一个波源。由于地球介质的连续性，这种波动就向地球内部及表层各处传播开去，形成了连续介质中的弹性波。

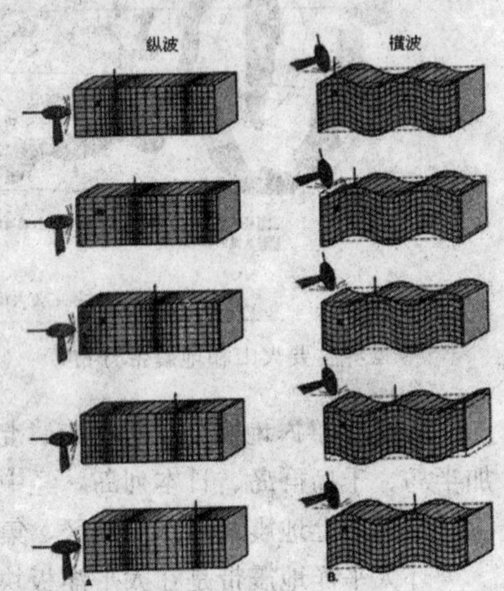

◆地震波有纵波和横波之分

地震波按传播方式分为三种类型：纵波、横波和面波。纵波是推进波，地壳中传播速度为 5.5～7 千米/秒，最先到达震中，又称 P 波，它使地面发生上下振动，破坏性较弱。横波是剪切波：在地壳中的传播速度为 3.2～4.0 千米/秒，第二个到达震中，又称 S 波，它使地面发生前后、左右抖动，破坏性较强。面波又称 L 波，是由纵波与横波在地表相遇后激发产生的混合波。其波长大、振幅强，只能沿地表面传播，是造成建筑物强烈破坏的主要因素。

广角镜——世界上最不容易发生地震的地方

◆南极和北极没有地震

在地震史上，地球的南极、北极地区还从未发生过任何级别的地震，这一奇异的地质现象一直是地质学界的一个未解之谜。美国的科学家经过30多年的观测研究认为，巨大的冰层是造成南极大陆和北极的格陵兰岛内陆地区没有发生过任何地震的主要原因。据多年观测统计，南极大陆和格陵兰岛的冰雪覆盖面分别达到90%和80%，且冰层厚度大。由于冰层的压力，其底部几乎处于“熔融”状态，同时由于冰层面积大且分量重，在垂直方向产生强烈的压缩，而这种冰层形成的巨大压力，与地层构造的挤压力达到了平衡，因而不会发生倾斜和弯曲，所以分散和减弱了地壳的形变，因而无地震发生。

了解中国地震带

中国位于世界两大地震带——环太平洋地震带与欧亚地震带之间，受太平洋板块、印度板块和菲律宾海板块的挤压，地震断裂带十分发育。20世纪以来，我国发生6级以上地震近800次，遍布除贵州、浙江两省和香港特别行政区以外所有的省、自治区、直辖市。我国地震活动频度高、强度大、震源浅，分布广，是一个地震灾害严重的国家。我国的地震活动主要分布在5个地区的23条地震带上。这5个地区是：①台湾省及其附近海域；②西南地区，

台湾位于环太平洋地震带上，西藏、新疆、四川、青海等省区位于喜马拉雅-地中海地震带上。

主要在西藏、四川西部和云南中西部；③西北地区，主要在甘肃河西走廊、青海、宁夏、天山南北麓；④华北地区，主要在太行山两侧、汾渭河谷、阴山—燕山一带、山东中部和渤海湾；⑤东南沿海的广东、福建等地。中国地震带的分布是制定中国地震重点监视防御区的重要依据。

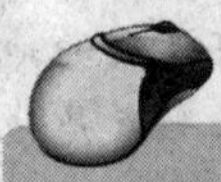

点击：世界上最大的地震带

地震发生较多又比较强烈的地带，叫地震带。世界上最大的地震带是环太平洋地震带，包括南、北美洲太平洋沿岸和从阿留申群岛、堪察加半岛、日本列岛南下至我国台湾省，再经菲律宾群岛转向东南，直到新西兰。释放能量占76%。

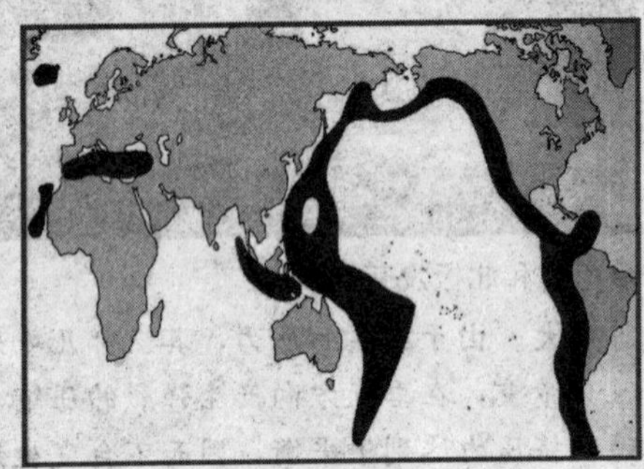

◆世界最大的地震带（图中红色标出的为环太平洋地区）

1. 你经历过地震吗？地震是怎样发生的？
2. 地震分哪几级？每一级释放的能量相差多少倍？
3. 世界上三大地震带分布在哪里？中国属于哪一个地震带？
4. 地震波分为哪几类？哪一种在地震时破坏性最大？

发怒的大海——海啸

海啸是严重的自然灾害之一，常常由海底地震引起，剧烈振动之后不久，巨浪呼啸，以摧枯拉朽之势，越过海岸线，越过田野，迅猛地袭击着沿岸的城市和村庄，瞬时人畜都消失在巨浪中。港口所有设施，被震塌的建筑物，在狂涛的洗劫下，被席卷一空。海啸之后，海滩上一片狼藉，到处是残木破板和人畜尸体。地震海啸给人类带来的灾难是十分巨大的。目前，人类对地震、火山爆发、海啸等突如其来的灾害，只能通过预测、观察来预防或减少它们所造成的损失，但还不能控制它们的发生。

惊人的海啸

◆海底的地震是海啸最常见的原因

◆海啸的威力巨大

在一次震动之后，震荡波在海面上以不断扩大的圆圈，传播到很远的距离，正像卵石掉进浅池里产生的波一样。海啸波长比海洋的最大深度还要长，轨道运动在海底附近也没受多大阻滞，不管海洋深度如何，波都可以传播过去。海啸最初出现的是长度为数十千米到数百千米、高度不大的群浪，因此在浩瀚的大洋中不易被察觉。但它的速度却快得惊人，有时可达每小时1000多千米，而且波浪生成的海域越深，浪速越快。当海浪到达

200 米以上深的浅海域时，霎时大浪滔天，浪高一下子达到 30 多米或更高。海啸波长很大，可以传播几千千米而能量损失很小。由于这些原因，如果海啸到达岸边，“水墙”就会冲上陆地，对人类生命和财产造成严重威胁。

科技文件夹

海啸主要分为 4 种类型。即由海底地震引起的地震海啸、火山爆发引起的火山海啸、海底滑坡引起的滑坡海啸和大气压引起的大气海啸。

海水的骚动——地震海啸

◆下降型海啸形成原理

地震海啸是海底发生地震时，海底地形急剧升降变动引起海水强烈扰动。其机制有两种形式：“下降型”海啸和“隆起型”海啸。

“下降型”海啸：某些构造地震引起海底地壳大范围的急剧下降，海水首先向突然错动下陷的空间涌去，并在其上方出现海水大规模积聚，当涌进的海水在海底遇到阻力后，即返回海面产生压缩波，形成长波大浪，并向四周传播与扩散，这种下降型的海底地壳运动形成的海啸波在海岸首先表现为异常的退潮现象。

“隆起型”海啸：某些构造地震引起海底地壳大范围的急剧上升，海水也随着隆起区一起抬升，并在隆起区域上方出现大规模的海水积聚，在重力作用下，海水必须保持一个等势面以达到相对平衡，于是海水从波源区向四周扩散，形成汹涌巨浪。这种隆起型的海底地壳运动形成的海啸波在海岸首先表现为异常的涨潮现象。

小知识

1960 年智利地震海啸属于“下降型”海啸；1983 年 5 月 26 日，中日本海 7.7 级地震引起的海啸属于“隆起型”海啸。

知识库——火山爆发引起的海啸

◆海底火山爆发会引起海啸

火山爆发引起的海啸称之为火山海啸。1883 年，印度尼西亚喀拉喀托火山突然再次喷发，碎岩片、熔岩浆和火山灰向高空飞溅，滚滚的浓烟直冲数十千米以外的高空。不久，一巨大的火山喷发物从天而降，坠落到海峡，随之激起一个 30 多米高的巨浪，以音速涌向爪哇岛和苏门答腊岛。巨浪犹如发疯的野兽，张着血盆大口，片刻之间就吞噬了 3 万多人的生命。火山爆发引起的气浪久久不散，造成印度洋和大西洋零星小海啸不断发生。

旋风经过——大气海啸

由大气压引起的海啸称之为大气海啸。这种海啸是大气压突然急剧变化引起的。通常在强大的旋风经过时，由于某种原因大气压要降低 1 毫米，而这时的水位相应地要上涨 13 毫米，在旋风中心会出现洋面狂涨现象，随着旋风的急剧位移，狂涨低落，遂起波浪，引起猛烈的海啸。

2010 年 2 月 27 日，智利发生 8.8 级地震，地震引发的海啸波及整个太平洋，智利地震触发的海啸向亚洲前行速度最高可与喷气式飞机飞行速度相当。按太平洋平均水深 4000 米估算，太平洋中心海浪前行速度可达每小时大约 720 千米，即每秒 200 米。

◆强大的气旋会引起海啸

超过里氏8级的地震属“超强震”，可能带来“难以想象的损失”，地震过后3小时，智利沿海11个城市遭海啸袭击。海啸预警范围扩大至整个中美洲以及太平洋的53个国家和诸多地区，海啸在地震后24小时之内袭击多个亚洲沿海国家以及澳大利亚和新西兰。

1. 什么是海啸？它发生的原因是什么？
2. 海啸有多大的威力？它能造成怎样的灾害？
3. 海啸可以分为哪几类？
4. 什么是火山海啸？火山海啸发生的原理是什么？它的危害是什么？

地球热能的释放——火山爆发

火山爆发时，只听山顶一声巨响，一束火光直从山顶冲天冒出，随后岩浆从山顶流出，顺山体蜿蜒而下，岩浆越流越多，山体也越来越红，岩浆一直流到湖里，湖水开始沸腾，形成了漫天水雾。这是对火山爆发的描述，但事实上，火山爆发可没有这么美好，它带给人类的是灾难。

地下火焰的爆发

火山爆发，是岩浆等喷出物在短时间内从火山口向地表的释放。由于岩浆中含大量挥发分，加之上覆岩层的围压，使这些挥发分溶解在岩浆中无法溢出，当岩浆上升靠近地表时，压力减小，挥发分急剧被释放出来，于是形成火山爆发。火山爆发是一种奇特的地质现象，是地壳运动的一种表现形式，也是地球内部热能在地表的一种最强烈的显示。

◆火山爆发的壮观景象

在我们的地球上，火山活动一般常在一些不寻常的地质背景上发生，其中大多数都在构成岩石圈的庞大的板块边界处。约80%的地球活火山及其相关的火山活动都发生在两个板块相聚，并且其中一个俯冲到另一个下面的地方。俯冲下去的板块，一方面因挤压而造成局部压力增加，另一方面其自身也融为岩浆；这时，上面受到挤压的板块如果出现裂口或薄弱处，压力极大的岩浆就会从这些地方喷出来，形成火山爆发。还有另一种不同的情况，是在大洋中脊轴上，这里，岩浆自地幔涌出并向脊的两侧分

◆火山爆发也是地球板块运动的结果

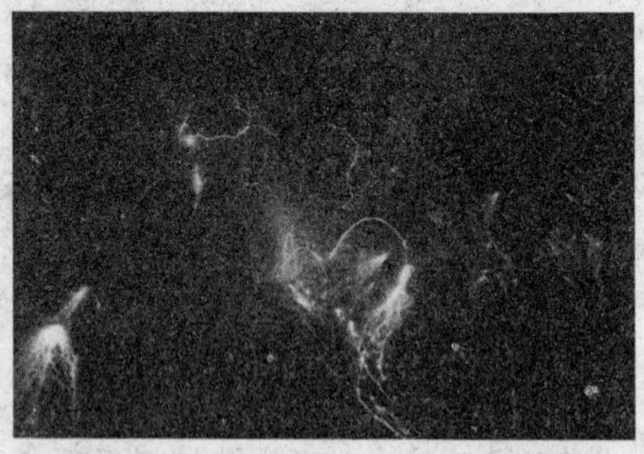
◆火山爆发出岩浆炸弹，并形成了奇异的叉形闪电，很可能是由带电火山灰所导致的

开，形成新的洋底。这类火山活动实际上都发生在水下。

火山爆发并非千遍一律，像夏威夷基拉韦厄火山那样的喷发，事前熔岩已静静地流出，由于熔岩流动缓慢，因而只破坏财产而没有危及生命。而像1883年印度尼西亚喀拉喀托火山那样的火山碎屑喷发或蒸气爆炸（或蒸气猛烈爆发），则造成人员的重大伤亡。

趣味知识——浮在水面的石头

◆浮石表面满布气孔，如果放入水中会漂浮在水面

石头在人们的印象中往往是很重的，把它扔在水中就会沉下去。可是，在自然界还有一种会漂浮的石头，把它扔在水中，会浮在水面而不沉，因此得名“浮岩”。浮岩的俗名叫“浮石”。它全身满布气孔，好似蜂窝，因此比重很小，约为0.3～0.4，只有水的1/3左右。浮岩多为白色或浅灰色，也有黑色的，无光泽，全玻璃质结构。化学成分变化较大，其中含二氧化硅65%～75%，三氧化二铝9%～20%，另外，还含

有钙、镁、钠等氧化物。浮石是怎样形成的呢？当火山爆发时，由火山喷发出来的熔岩迅速冷却，来不及结晶，就形成了一系列非晶质（即玻璃质）结构的岩石，统称“火山玻璃岩”。火山玻璃岩中以酸性玻璃岩为主，浮岩就是其中的一种。

火山爆发的三个阶段

火山喷出地表前的过程归纳为三个阶段：岩浆形成与初始上升阶段、岩浆囊阶段和离开岩浆囊到地表阶段。

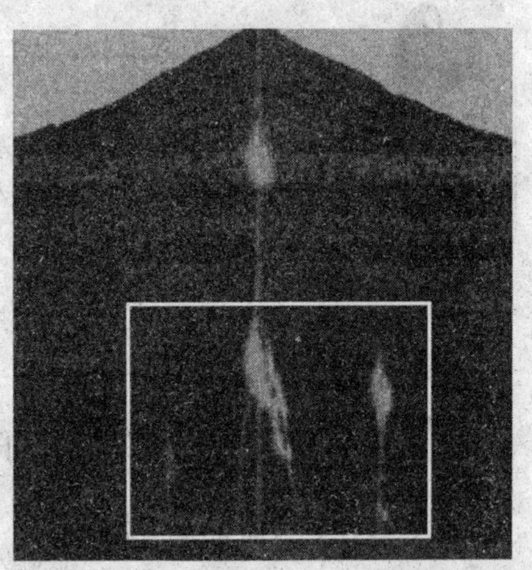

◆火山爆发三个阶段的示意图，图中白色方框内表示的是岩浆形成、上升以及岩浆囊形成阶段

岩浆形成与初始上升阶段

岩浆的产生必须有两个过程：部分熔融和熔融体与母岩分离。实际上这两种过程不可能互相独立，熔融体与母岩的分离可能在熔融开始产生时就有了。部分熔融是液体（即岩浆）和固体（结晶）的共存态，温度升高、压力降低和固相线降低均可产生部分熔融。当部分熔融物质随地幔流上升时，在流动中也会产生液体和固体的分离现象，从而产生液体的移动乃至聚集，称之为熔离。

岩浆囊阶段

岩浆囊是火山底下充填着岩浆的区域，是地壳或上地幔岩石介质中岩浆相对富集的地方。一般视为与油藏类似的岩石孔隙（或裂隙）中的高温流体，通常认为在地幔柱内，岩浆只占总体积的5%～30%。从局部看，可以视为内部相对流通的液态集合。岩浆是由岩浆熔融体、挥发分，以及结晶体组成的混合物。

从岩浆囊到地表阶段

岩浆从岩浆源区一直到近地表的通路的上升，与岩浆囊的过剩压力、通道的形成与贯通、以及岩浆上升中的结晶、脱气过程有关。当地壳中引张或引张一剪切应力大于当地岩石破裂强度时，便可能形成张性或张一剪性破裂，如若这些裂隙互相连通，就可以作为岩浆喷发的通道。

小知识

在火山爆发过程中，挥发性物质充当了重要的角色，它不仅是火山爆发的产物，更是火山爆发的动力。从岩浆的产生到火山爆发的整个过程，挥发性物质的活动无一不在起作用。

历史回顾——中国火山爆发的记载

◆台湾七星山有多处硫磺气体的喷发点，极强的硫气不但把四周裸露的岩壁熏成黑色，而在硫气的长久侵蚀后，岩石变得松软，因而山壁到处崩坍下陷

中国最早记录的活火山是山西大同聚乐堡的昊天寺，它在北魏（公元 5 世纪）时还在喷发（据《山海经据》记载）；东北的五大连池火山在 1719～1721 年，还猛烈喷发过，其情景是：“烟火冲天，其声如雷，昼夜不绝，声闻五六十里，其飞出者皆黑石硫磺之类，经年不断……热气逼人 30 余里”（据《宁古塔记略》）；1916 年和 1927 年，台湾东部海区的海底火山先后爆发过两次，呈现出“一半是海水，一半是火焰”，蔚为壮观；1951 年 5 月，新疆于田以南昆仑山中部有一座火山爆发，当时浓烟滚滚，火光冲天，岩块飞腾，轰鸣如雷，整整持续了好几个昼夜，堆起了一座 145 米高的锥状体；至于台

湾北部海拔1130米的活火山——七星山，迄今还在喷发着大量硫磺热气。

火山爆发，喜忧参半

最具威力、最壮观的火山爆发常常发生在俯冲带。这里的火山可能在沉寂达数百年之后再度爆发，而一旦爆发，威力就特别猛烈。这样的火山爆发常常会给人类带来严重危害。

◆火山喷发物流入海水中，会造成海水的污染

影响全球气候。火山爆发时喷出的大量火山灰和火山气体，对气候造成极大的影响。因为在这种情况下，昏暗的白昼和狂风暴雨，甚至泥浆雨都会困扰当地居民长达数月之久。火山灰和火山气体被喷到高空中去，它们就会随风散布到很远的地方。这些火山物质会遮住阳光，导致气温下降。此外，它们还会滤掉某些波长的光线，使得太阳和月亮看起来就像蒙上一层光晕，或是泛着奇异的色彩，尤其在日出和日落时能形成奇特的自然景观。

◆每次火山喷发过后，绿色植物往往都能够在很短时间内又重新生长

破坏环境。火山爆发喷出的大量火山灰和暴雨结合形成泥石流能冲毁道路、桥梁，淹没附近的乡村和城市，使得无数人无家可归。泥土、岩石碎屑形成的泥浆可像洪水一般淹没整座城市。

火山爆发对自然景观的影响十分深远。土地是世界最宝贵的资源，因为它能孕育出各种植物来供养万物。如果火山爆发能给农田盖上不到20厘米厚的火山灰，对农民来说可真是喜从天降，因为这些火山灰富含养分能

使土地更肥沃。熔岩崩解后，杂草苔类开始冒出来，绳状熔岩流过的山坡长出蕨类植物。火山灰让周围的土地肥沃，当地的农作物年年丰收。

万 花 筒

火山国家公园

美国夏威夷州有着两座活跃的活火山。翻滚的岩浆顺坡而下，直入太平洋海底，冷却的熔岩抬高了地表，成为一部活的地质书。茂密的雨林，奔腾的海水，这里是众多动植物的家园：绿龟、夏威夷黑雁，以及大片的蕨类植物。这就是夏威夷火山国家公园．具有特殊的地质构造和特殊的地理环境。

广角镜——火山熔岩可能危害珍稀动物

◆加拉帕戈斯群岛火山爆发的情景

这张厄瓜多尔加拉帕戈斯群岛国家公园公布的照片显示，2009 年 4 月 11 日，加拉帕戈斯群岛中的费尔南迪纳岛上的昆布雷火山流出熔岩。

火山流出的熔岩可能危害岛上珍稀动物的生存。由于达尔文通过加拉帕戈斯群岛的物种研究提出了进化论，因而使该岛的地位非常特殊。加拉帕戈斯群岛上有巨龟、大蜥蜴、企鹅、海狮等珍稀动物，被称为活的自然博物馆，1979 年 7 月被联合国教科文组织宣布为“人类文化与自然遗产”保护区。

1. 你在电视上见过火山爆发吗？火山爆发时是什么景象？
2. 火山爆发的原理是什么？它的本质是什么？
3. 浮石是什么？它为什么能浮在水面上？
4. 火山爆发分为哪几个阶段？中国最早的火山爆发记录是在哪个年代？

地下巨龙翻身——山崩

看山崩地裂惊心动魄，看洪波涌起淹没田地，泥石滚滚摧毁生命……这些人们不敢想象的情景在现实生活里真的发生过，在这一节里，我们一起来看看山崩的历史以及形成原因。

可怕的山崩

◆山崩大多发生在陡坡上

山崩是山坡上的岩石与土壤快速、瞬间滑落的现象。泛指组成坡地的物质，受到重力吸引，而产生向下坡移动的现象。

暴雨、洪水或地震可以引起山崩。人为活动，例如伐木和破坏植被，路边陡峭的开凿，或漏水的管道也能够引起山崩。有些山崩现象不是地震引发的，而是由于山石剥落受重力作用产生的。在雨后山石受润滑的情况下，也能引发山崩。

山坡愈陡，土石就容易下滑，山崩就愈容易发生。而在连续的大雨之后，雨水渗入地下，增加土石的重量与下滑力，所以山崩也常在大雨之后发生；像台湾在台风后所发生的山崩多半是这个原因。解决山崩最好的办法就是植树造林。

山坡上的树林有吸收水分、固化土壤的作用，可以防止山崩。山坡在遭到乱开发，滥伐树林后，破坏了原有森林的水土保持，更使山坡载重增加，易造成山崩。

山崩发生的可能性由以下因素决定：1. 地表的吸水性和透水性；2. 山坡的坡度；3. 是否有加固土壤稳定性的植被；4. 是否有易滑动（比如黏土）的土壤或岩石层。

◆山崩大都发生在表面没有植被固定的山体

原 理 介 绍

山崩的“主谋”

山崩最主要的原因是山坡上的岩石或土壤吸收了大量的水（比如由于暴雨或者融雪），导致岩石或土壤内部的摩擦力降低，土壤或岩石丧失其稳固性下滑。其他原因有：地震、其他地壳运动、风和霜冻造成的风化、由于垦荒和强烈的采矿造成的土壤和植被的破坏。

链接：山崩的四种形式

山崩四种移动方式：坠落：岩块以自由落体的方式向下掉落，因此只能发生在几近垂直的坡壁上。倾翻：岩块向下坡方向倾斜，然后发生滚落的一种方式。滑动：最常见的山崩，分为平面式滑动及旋转式滑动。滑动面可以是层面、岩盘等。流动：像流体一样的移动，其速度可以从每秒钟数厘米至数百米。

山崩导致的堰塞湖

山崩可以造成很大的灾害。严重时可以毁坏整个村庄，砸死人畜，毁坏工厂、电站，堵塞道路。山崩后的石块、土块大量落入河道中，还会阻塞河流，形成洪水灾害。堰塞湖是由火山熔岩流或由地震活动等原因引起

◆唐家山堰塞湖

◆然乌错是典型的堰塞湖

山崩滑坡体等堵截河谷或河床后贮水而形成的湖泊。由火山熔岩流堵截而形成的湖泊又称为熔岩堰塞湖。堰塞湖一旦决口会引发洪灾，处置不当会引发重大灾害。专家表示，堰塞湖的堵塞物不是固定永远不变的，它们也会受冲刷、侵蚀、溶解、崩塌等。伴随次生灾害的不断出现，堰塞湖的水位可能会迅速上升，从而有可能导致重大洪灾。堰塞湖堵塞物一旦被破坏，湖水便漫溢而出，倾泻而下，形成洪灾，极其危险。堰塞湖一旦形成威胁，必须事先以人工挖掘、爆破、拦截等方式来引流或疏通湖道，使其汇入主流流域或分流到水库，以免造成洪灾。

藏东南波密县的易贡错是在1990年由于地震影响暴发了特大泥石流堵截了乍龙湫河道而形成的，波密县的古乡错是1953年由冰川泥石流堵塞而成（实则也属冰川湖），八宿县的然乌错是1959年暴雨引起山崩堵塞河谷形成的。

万 花 筒

美丽而危险的“定时炸弹”

世界上很多国家都有堰塞湖。它们或因为风景优美，或因为存在风险而被世界所关注。美丽远不是堰塞湖全部的特性，它们还有着潜在危险。美国的圣海伦斯火山于20世纪80年代喷发，引起的山崩和泥石流阻塞了图尔特河，形成数个堰塞湖，最大的两个是“城堡湖”和“冷水湖”。这些湖虽已存在了很多年，但仍有可能因决口成为“定时炸弹”。

山崩地貌“博物馆”

◆这就是历史上曾经在翠华山发生的一幕场景：地动山摇的时候，随着一声声巨响，翠华山的山体像是被突然炸开了，这些巨石在降落的时候互相碰撞，有的干脆自身就崩为两半

陕西翠华山山崩国家地质公园位于陕西省西安市长安县，距西安 30 千米，是秦岭终南山的一条支脉，以“终南独秀”和“中国地质地貌博物馆”著称。主要地质遗迹类型为山崩地质遗迹。

主峰终南山海拔 2604 米，总面积 32 平方千米，是我国山崩地质作用最为发达的地区之一。景区主要包括翠华峰、玉安峰、甘湫峰，海拔 820～2131 米，面积约 7.85 平方千米。翠华山属秦岭山脉，由中元古界变质杂岩组成，受混合岩化作用强烈影响，山崩颗粒大，呈多种形状断裂，是国内外学者进行混合岩化作用研究的天然实验室。秦岭北麓大断层从翠华山北侧通过，该断层目前仍在活动，一万年以来平均每年上升 1.73～3.4 毫米。强烈的断裂活动，加上构成翠华山山体的岩石质坚性脆，又地处地震带，从而引起山体崩落。这里的山崩地质作用形成了一系列山崩地质景观，如山崩悬崖景观、山崩石海景观、山崩地堆砌洞穴景观、山崩堰塞湖景观、山崩瀑流景观及山崩形成的各种造型奇石景观等，秦岭北坡的两个堰塞湖——水湫池和甘湫池就是山崩形成的。翠华山山崩地貌类型之全、保存之完整典型，为国内罕见，堪称“山崩地质博物馆”，在研究秦岭和关中平原形成历史及山崩地质作用类型上具有重大的科学价值。

万 花 筒

巨大的堆积物

2000年，奥地利地质学家J.T.威登格尔博士和H.J.艾尔斯格博士在考察了翠华山之后惊叹道："我们已经发现了一个强烈吸引地质学家科普考察的景点……我们考察了世界上50多个国家，看到这样巨大的山崩堆积物还是第一次！"

广角镜——山崩掩埋下的生命

当大量的诸如雪、冰、岩石或土壤等物质发生松动并以每小时约320千米以上的速度飞泻而下时，就发生了山崩。每隔10分钟，在地球的某个地方就发生一次山崩，即使是用最敏感的仪器，科学家也没办法预测它什么时候、在哪儿发生。

尽管大多数山崩一次只会埋没少数警惕性不高的人，但也有死亡人数很多的时候。

◆山崩的迅速和不可预测性使人不大可能生还

拓展思考

1. 为什么会发生山崩？山崩会带来哪些灾害？
2. 山崩的发生需要哪些因素？
3. 山崩有哪四种形式？山崩会导致堰塞湖形成是什么原理？

植被破坏的惨剧——滑坡

在灾难面前，我们是那么的脆弱，那么的不堪一击，灾难可以在瞬间摧毁一座美好的家园，也可以轻而易举地带走无数年轻甚至是稚嫩的生命。但是，我们又是如此顽强，用我们不屈的信念，创造一个个奇迹，在一次又一次的滑坡、地震、山崩等自然灾害之后，我们用勤劳的双手，谱写了一篇篇英雄的乐章。

什么是滑坡?

◆滑坡造成地面的变形

滑坡是指斜坡上的土体或者岩体，受河流冲刷、地下水活动、地震及人为等因素影响，在重力作用下，沿着一定的软弱面或者软弱带，整体地或者分散地顺坡向下滑动的自然现象，俗称“走山”、“垮山”、“地滑”、“土溜”等。滑坡的机制是某一滑移面上剪应力超过了该面的抗剪强度所致。产生滑坡的基本条件是斜坡体前有滑动空间，两侧有切割面。例如中国西南地区，特别是西南丘陵山区，最基本的地形地貌特征就是山体众多，山势陡峻，沟谷河流遍布于山体之中，与之相互切割，因而形成众多的具有足够滑动空间的斜坡体和切割面。滑坡灾害相当频繁。

从斜坡的物质组成来看，具有松散土层、碎石土、风化壳和半成岩土层的斜坡抗剪强度低，容易产生变形面下滑；坚硬岩石中由于岩石的抗剪强度较大，能够经受较大的剪应力而不变形滑动。但是如果岩体中存在着滑动面，特别是在暴雨之后，由于水在滑动面上的浸泡，使其抗剪强度大

幅度下降而易滑动。

地震对滑坡的影响很大。究其原因，首先是地震的强烈作用使斜坡土石的内部结构发生破坏和变化，原有的结构面张裂、松弛，加上地下水也有较大变化，特别是地下水位的突然升高或降低对斜坡稳定是很不利的。另外，一次强烈地震的发生往往伴随着许多余震，在地震力的反复振动冲击下，斜坡土石体就更容易发生变形，最后就会发展成滑坡。

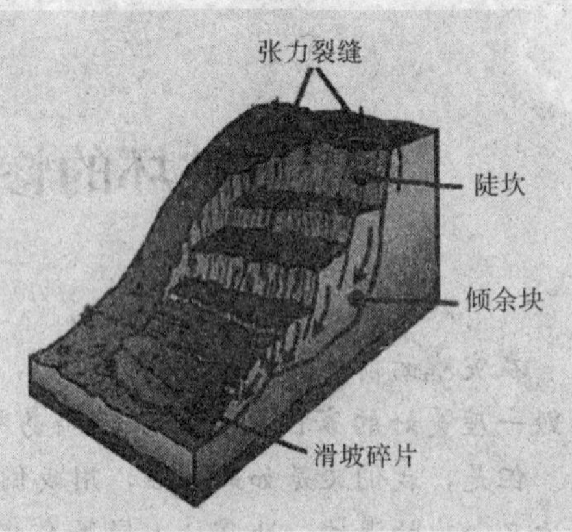

◆滑坡发生时的结构改变

知识窗

降雨对滑坡的影响

降雨对滑坡的影响很大。降雨对滑坡的作用主要表现在，雨水的大量下渗，导致斜坡上的土石层饱和，甚至在斜坡下部的隔水层上积水，从而增加了滑体的重量，降低土石层的抗剪强度，导致滑坡产生。不少滑坡具有“大雨大滑、小雨小滑、无雨不滑”的特点。

知识库——观察现象，预测滑坡

当斜坡局部沉陷，而且该沉陷与地下存在的洞室以及地面较厚的人工填土无关时，将有可能发生滑坡。

山坡上建筑物变形，而且变形构筑物在空间展布上具有一定的规律，将有可能发生滑坡。

泉水、井水的水质浑浊，原本干燥的地方突然渗水或出现泉水蓄水池大量漏水时，将有可能发生滑坡。

地下发生异常响声，同时家禽、家畜有异常反应，将有可能发生滑坡。

违反自然规律的人为因素

◆不合理开挖导致斜坡失稳，发生滑坡

违反自然规律、破坏斜坡稳定条件的人类活动都会诱发滑坡。人为因素包括：

开挖坡脚：修建铁路、公路，依山建房、建厂等工程，常常因使坡体下部失去支撑而发生下滑。例如我国西南、西北的一些铁路、公路，因修建时大力爆破、强行开挖，事后不断地在边坡上发生了滑坡，给道路施工、运营带来危害。

蓄水、排水：水渠和水池的漫溢和渗漏，工业生产用水和废水的排放、农业灌溉等，均易使水流渗入坡体，加大孔隙水压力，软化岩体、土体，增大坡体容重，从而促使或诱发滑坡的发生。水库的水位上下急剧变动，加大了坡体的动水压力，也可使斜坡和岸坡诱发滑坡。

此外，劈山开矿的爆破作用，可使斜坡的岩体、土体受振动而破碎产生滑坡；在山坡上乱砍滥伐，使坡体失去保护，利于雨水等水体的入渗从而诱发滑坡等等。如果上述的人类作用与不利的自然作用互相结合，则就更容易促进滑坡的发生。

广角镜——印度尼西亚万隆的山体滑坡

2010年2月23日，印度尼西亚西爪哇省首府万隆附近一座村庄，遭遇前所未有的山体滑坡，强降雨引发的山体滑坡导致该村庄的一个茶叶种植园被部分掩埋，造成几十人死亡、失踪。

◆印度尼西亚村庄山体滑坡

小知识

暴雨导致山体滑坡，但是大面积的森林滥伐更是重要因素。在陡峭的山坡上，树木可以防止水土流失。山区森林的大面积砍伐非常有可能导致山体滑坡。

拓展思考

1. 什么是山体滑坡？山体滑坡和山崩的区别是什么？
2. 如何预测山体滑坡的发生？山体滑坡前有什么征兆？
3. 山体滑坡的原因是什么？

瞬间的掩埋——泥石流

“地震可怕，泥石流更可怕”。它冲进乡村、城镇，摧毁房屋、工厂、企事业单位及其他场所和设施，掩埋人畜、毁坏土地，造成村毁人亡的灾难。

犹如猛虎下山的泥石流

◆典型的泥石流富含粉砂及黏土的黏稠泥浆

泥石流是指在山区或者其他沟谷深壑、地形险峻的地区，因为暴雨暴雪或其他自然灾害引发的携带有大量泥沙以及石块的特殊洪流。泥石流是介于流水与滑坡之间的一种地质作用。典型的泥石流由悬浮着粗大固体碎屑物并富含粉砂及黏土的黏稠泥浆组成。在适当的地形条件下，大量的水体浸透山坡或沟床中的固体堆积物质，使其稳定性降低，饱含水分的固体堆积物质在自身重力作用下发生运动，就形成了泥石流。

泥石流流动的全过程一般只有几个小时，短的只有几分钟。泥石流是一种广泛分布于世界各国一些具有特殊地形、地貌状况地区的自然灾害。泥石流大多伴随山区洪水而发生。它与一般洪水的区别是洪流中含有足够数量的泥沙石等固体碎屑物，其体积含量最少为 15%，最高可达 80%左右，因此比洪水更具有破坏力。

泥石流的主要危害是冲毁城镇、矿山、乡村，造成人畜伤亡，破坏房屋及其他工程设施，破坏农作物、林木及耕地。此外，泥石流有时也会淤塞河道，不但阻断航运，还可能引起水灾。影响泥石流强度的因素较多，如泥石流容量、流速、流量等，其中泥石流流量对泥石流成灾程度的影响最为主要。还有，多种人为活动也在多方面加剧这上述因素的作用，促进泥石流的形成。

◆泥石流冲毁村庄

知识库

来势凶猛的泥石流

泥石流是一种灾害性的地质现象。泥石流经常突然暴发，来势凶猛，可携带巨大的石块，并以高速前进，具有强大的能量，因而破坏性极大。

世界之最——最严重的泥石流灾害

1999年12月15～16日，委内瑞拉北部阿维拉山区及加勒比海沿岸的8个州连降特大暴雨，造成山体大面积滑塌，数十条沟谷同时暴发大规模的泥石流，大量房屋被冲毁，多处公路被毁，大片农田被掩埋。据估计，全国有33.7万人受灾，14万人无家可归，死亡人数超过3万，经济损失高达100亿美元，堪称20世纪最严重的泥石流灾害。

◆委内瑞拉泥石流损失惨重

泥石流是如何形成的?

泥石流的形成需要三个基本条件：有陡峭便于集水集物的适当地形；上游堆积有丰富的松散固体物质；短期内有突然性的大量流水来源。

在地貌上，泥石流的地貌一般可分为形成区、流通区和堆积区三部分。上游形成区的地形多为三面环山，一面出口为瓢状或漏斗状，地形比较开阔、周围山高坡陡、山体破碎、植被生长不良，这样的地形有利于水和碎屑物质的集中；中游流通区的地形多为狭窄陡深的峡谷，谷床纵坡降大，使泥石流能迅猛直泻；下游堆积区的地形为开阔平坦的山前平原或河谷阶地，使堆积物有堆积场所。

泥石流常发生于地质构造复杂、断裂褶皱发育，新构造活动强烈，地震烈度较高的地区。地表岩石破碎、崩塌、错落、滑坡等不良地质现象发育，为泥石流的形成提供了丰富的固体物质来源；另外，岩层结构松散、软弱、易于风化、节理发育或软硬相间成层的地区，因易受破坏，也能为泥石流提供丰富的碎屑物来源；一些人类工程活动，如滥伐森林造成水土流失，开山采矿、采石弃渣等，往往也为泥石流提供大量的物质来源。

◆雨季是泥石流多发季节，须提防泥石流

知 识 窗

泥石流的动力来源

水既是泥石流的重要组成部分，又是泥石流的激发条件和搬运介质（动力来源），泥石流的水源，有暴雨、冰雪融水和水库溃决水体等形式。我国泥石流的水源主要是暴雨、长时间的连续降雨等。

历史悲剧——铁路史上损失最大的泥石流灾害

1981年7月9日凌晨1时30分，四川大渡河南岸利子依达沟暴发特大泥石流。泥石流冲毁了成昆铁路尼日车站北侧跨越利子依达沟口的利子依达大桥，并在几分钟内堵塞大渡河干流，大渡河断流4小时后泥石流大坝溃决。同日1时46分，由格里坪开往成都的422次直快列车满载着1000余名旅客，以40余千米的时速在桥位南侧隧道口与泥石流遭遇，列车车头和前几节车厢翻入大渡河。经事后统计，此次灾难造成300余人死亡，146人受伤，成昆铁路瘫痪372小时，直接经济损失2000余万元，是世界铁路史上迄今为止由泥石流灾害导致的最严重的铁路事故。

◆1981年成昆铁路利子依达泥石流冲毁铁路桥

世界泥石流的分布

世界上发生泥石流的区域分布广泛。除南极洲外，各大洲都有泥石流的踪迹。泥石流最多的地区是欧洲阿尔卑斯山区、亚洲喜马拉雅山区、南北美洲太平洋沿岸山区和欧亚美各大洲内部的一些山区。多山之国，受岩层断裂等地质构造的影响，许多山体陡峭，岩石结构不稳固，森林覆盖面

◆从卫星上拍到的照片：菲律宾东部莱特岛圣伯纳镇泥石流灾害

积小，遇到季风气候的连续阴雨、大暴雨天气，常发生严重的泥石流灾害。我国的黄土高原、天山、昆仑山等山前地带、太行山、长白山泥石流危害都很严重。我国的台湾省也经常有泥石流发生。

◆水库漫坝，容易形成泥石流

据统计，我国每年有近百座县城受到泥石流的直接威胁和危害；有20条铁路干线的走向经过1400余条泥石流分布范围内，1949年以来，先后发生中断铁路运行的泥石流灾害300余起，有33个车站被淤埋。在我国的公路网中，以川藏、川滇、川陕、川甘等线路的泥石流灾害最严重，仅川藏公路沿线就有泥石流沟1000余条，先后发生泥石流灾害400余起，每年因泥石流灾害阻碍车辆行驶时间长达1～6个月。泥石流还对一些河流航道造成严重危害，如金沙江中下游、雅砻江中下游和嘉陵江中下游等，泥石流活动及其堆积物是这些河段通航的最大障碍。泥石流还对修建于河道上的水电工程造成很大危害，如云南省近几年被泥石流冲毁的中型、小型水电站达360余座、水库50余座；上千座水库因泥石流活动而严重淤积，造成巨大的经济损失。

知识库

泥石流的分类

一是黏性泥石流，含大量黏性土的泥石流或泥流。其中的水不是搬运介质，而是组成物质，稠度大，石块呈悬浮状态，暴发突然，持续时间短，破坏力大。二是稀性泥石流，以水为主要成分，黏性土含量少，有很大分散性，水为搬运介质，石块以滚动或跃移方式前进，具有强烈的下切作用，其堆积物在堆积区呈扇状散流，停积后似“石海”。

广角镜——“桃芝”带来的泥石流

2001年7月29日晚，台风“桃芝”从台湾东部登陆后，带来连日的狂风暴雨，使花莲、南投等台湾东部和中部县、市遭受严重的山洪泥石流灾害，一时土石横流、堤坝溃决、民宅及农田被冲毁。此次灾害台湾全省共有91人死亡，133人失踪，189人受伤，造成的农业损失超过60亿元新台币。受灾严重的花莲县光复乡大兴村惨遭灭村之灾，整个村子都被土石掩埋，村内根本看不到一间像样的房舍，一杨姓家族有10人被这场灾难夺去了生命。

◆台风“桃芝”带来的泥石流灾害

全力预防泥石流

根据预报某地即将在数小时内发生泥石流，要及时对被危害区的居民及设施采取紧急疏散避灾或保护措施，强制迁至安全区。

可建立临时躲避棚，位置要避开沟道凹岸或面积小而低的凸岸及陡峭的山坡下，安置在距村镇较近的低缓山坡或高于10米的平台地上，切忌建

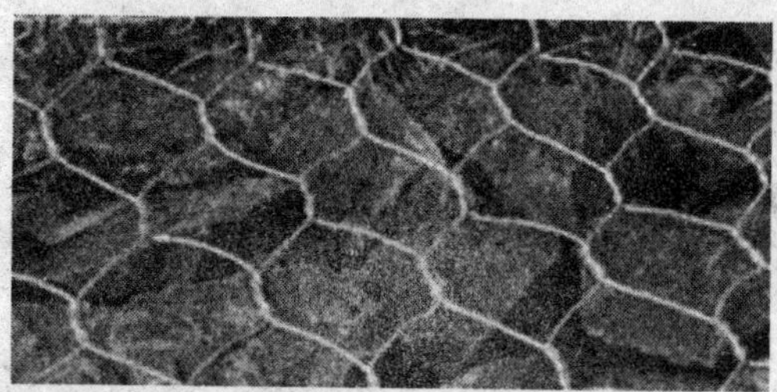
◆边坡防护网，防治发生泥石流

在较陡山体的凹坡处，以免出现坡面坍塌。

当前3日及当日的降雨量累计达到100毫米时，处于危险区的人员应立即撤离。当听到危险区内有轰鸣声、主河洪水上涨或正常流水突然断流时，应立即意识到泥石流即将到来，应果断采取逃生措施。在逃生时，要向沟岸两侧山坡跑，不要顺沟方向向上游或下游跑，不要停留在凹坡处。

◆沿山谷徒步时，一旦遭遇泥石流，要迅速转移到附近安全的地方

在泥石流发生过程中，对遭受泥石流灾害的人与物应立即进行抢护，使危害降至最低程度。同时组织专业抢险队伍，紧急加固或抢修各类临时防护工程，排除险情；并组织人员密切监测泥石流的发展趋势，严防出现次生灾害等。

1. 什么是泥石流？它一般发生在什么情况下？
2. 泥石流会带来什么危害？泥石流是怎样形成的？
3. 世界上最严重的泥石流发生在哪里？造成了多大的灾害？
4. 怎样预防泥石流的发生？发生泥石流时应该怎样逃生？

是天灾还是人祸——地面塌陷

每年的4月22日是“世界地球日”。在这样一个“爱护地球、保护家园”的日子里，人们都希望能减少日渐增多的地质灾害。中国是世界上地质灾害最为严重的国家之一，特别是崩塌、滑坡、泥石流、地面塌陷、地裂缝和地面沉降等地质灾害，严重威胁着人民生命财产的安全和制约着社会经济的可持续发展。滑坡和泥石流是人们少见的地质灾害，但是地面塌陷就比较常见。

致命的下陷——地面塌陷

地面塌陷是指地表岩、土体在自然或人为因素作用下，向下陷落，并在地面形成塌陷坑（洞）的一种地质现象。当这种现象发生在有人类活动的地区时，便可能成为一种地质灾害。

◆农田塌陷

我国国土辽阔，自然地理和地质构造非常复杂，地质灾害分布广泛、活动频繁，地面塌陷是其中最重要的地质灾害类型之一。根据其成因，可以将它分成自然塌陷和人为塌陷两大类。前者是地表岩、土体由于自然因素作用，如地震、降雨、自重等向下陷落而成，是为“天灾”；后者是由于超采地下水、不合理开矿及工程建设等人为作用导致的地面塌落，即是“人祸”。

根据塌陷区是否有岩溶发育，分为岩溶地面塌陷和非岩溶地面塌陷。

岩溶地面塌陷主要发育在陷伏岩溶地区，是由于隐伏岩溶洞隙上方岩、土体在自然或人为因素作用下，产生陷落而形成的地面塌陷。非岩溶地面塌陷又根据塌陷区岩、土体的性质可分为黄土塌陷、火山熔岩塌陷和冻土塌陷等许多类型。

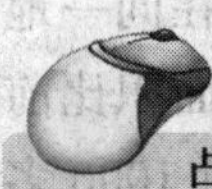

点击：巨大的污水坑

2007年2月23日凌晨，中美洲危地马拉首都危地马拉城一个贫民区突然传出轰隆一声巨响，就在这震动的一瞬间，贫民区中央惊现一个直径为70米、深度为100米的污水坑！一对兄妹在这场灾难中不幸被淹死，20多间房屋下陷，当局在事发后及时封锁周边500米范围，疏散现场附近的居民近千人。

◆2007年危地马拉城贫民区地面塌陷，造成一个100米深的污水坑

我国部分地面塌陷大事记

◆由于河水长期浸泡，2008年6月6日在深圳龙岗造成桥面塌陷

2007年3月15日，辽宁省葫芦岛市南票区沙金沟村，几位村民正在一片已经收割的玉米茬地里拣煤渣，不料，大地就像怪兽一样，突然张开大口，短短的几秒钟就将他们吞没腹中，造成6人死亡！据事后一份现场勘查报告显示：此次灾难属于地面塌陷，这里形成了一个直径约10米、深约7米的塌陷区。想起此

事，至今还有人称之为恐怖的“地陷吞人”、“大地食人”事件。

2008年1月17日，广州荔湾区珠江大桥东面桥脚发生塌方。塌陷的路面和绿化带面积超100平方米，形成一个深达10余米的大坑。22日中午，荔湾区桥中西海南路210号一排石棉瓦平房出租屋突然坍塌，同时地上出现了一个长宽约1米、深约3米的大窟窿。23日上午，几乎在同一地方，荔湾区桥中西海南路再次发生路面和平房塌陷。而且，塌陷面积比前两次都要严重，塌陷面积约300平方米。有关部门及时疏散了附近1000多居民。此次事件还导致了上千户居民家停电数小时。幸运的是，三次塌陷事件均没有造成人员伤亡。

◆地面塌陷形成“天坑”

2008年3月25日凌晨，四川省宜宾江安县红桥镇五阁村发生了局部地面塌陷，形成大小不等的3个巨型“天坑”，呈直线展开，长约400米。4月1日、2日，红桥镇五阁村又接连出现3个“天坑”。此后，类似事件不断出现，至7月2日，江安县红桥镇的地陷坑已经增加到了16个。

2008年11月15日15时许，杭州风情大道地铁施工工地突然发生大面积地面塌陷，正在路面行驶的多辆汽车陷入深坑，多名施工人员被困地下。结果，事故造成了风情大道路面坍塌75米，下陷15米，死亡17人，失踪4人，受伤24人的惨剧。

想一想议一议

谁是罪魁祸首？

诸多案例，不胜枚举。想起可怕的这一幕幕，我们不禁胆颤心惊，同时，我们也会忍不住去思考，这究竟是怎么一回事……是大自然对我们人类的恶意攻击和报复？还是我们人类在打击我们自身？谁，才是真正的幕后黑手？

科技文件夹——地面塌陷能预测吗?

如同地震一样，虽然我们现在还不能准确预报何时何地会发生地面塌陷，但现在的科学技术已经可以有效地减少它的危害，因为地面塌陷在发生前往往也有前兆出现，如井、泉的突然干枯或浑浊翻沙，水位骤然降落，地面积水或人工蓄水（渗漏）引起的地面冒气泡或水泡，地面出现环状裂缝并不断扩展，产生局部的地鼓或下沉现象，建筑物作响、倾斜、开裂等。

寻找塌陷的主要原因

地面塌陷不仅破坏建筑、道路和农田，而且还严重威胁着人民的生命财产安全！但是，我们应该将其归咎于“天灾”还是“人祸”呢？人类活动对地面塌陷的产生起了什么样的作用？据统计分析，地面塌陷中，采空塌陷的危害最大，造成的损失最重，岩溶塌陷次之，黄土塌陷相对小也较集中。可见，造成地面塌陷的主要因素是人为因素！

◆由于地下开采，使房屋地基下沉十分明显，墙上布满裂痕

对地面塌陷有重要影响的主要人类活动就是：矿山地下开采。地下采矿活动造成一定范围的采空区，使上方岩体失去支撑，从而导致地面塌陷。这种人为活动是采矿区地面塌陷的主要原因。我国已有许多矿区发生了这类地面塌陷，并产生了相当程度的危害。有关数据表明，山西省各类矿山采空区已达 2 万多平方千米，以全省 15.6 万平方千米的土地面积计算，山西有近 1/7 的地面已经成为“悬空区”，可发生大面积土地塌陷。截至 2007 年，全国矿业开发占用和损坏的土地面积为 165.8 万公顷，其中采矿塌陷 20.3 万公顷，占总数的 12%。

此外，由于排疏地下水或者过量抽采地下水，使地下水位快速降低，其上方的地表岩、土体平衡失调，在有地下洞隙存在时，可产生地面塌陷。还有其他一些特殊原因造成的地面塌陷，如广西南丹八圩水库的修建，使地下水位上升、地下水的潜蚀、冲刷作用加强，引起了地面塌陷，最终使库水全部漏失；武汉中南轧钢厂料场由于处在隐伏洞穴发育部位上方，人工堆放荷载导致地面塌陷；广西贵县吴良村因爆破的振动作用造成地面塌陷，迫使全村迁移；广西桂林第二造纸厂的地面塌陷则是由该厂排放化学污水下渗所致。

科技导航

先进的监测技术

现在，我国已经对地面塌陷多发区开展了定期监测，特别是在煤矿采区，长期、连续地监测地面、建筑物的变形，地下洞穴分布及其发展状况等，防患于未然。先进的地球物理勘探手段，包括地震勘探技术、电法勘探技术、重力和磁法勘探、放射性勘探技术，在查明地下洞穴分布、采空区的位置和范围等方面发挥了越来越重要的作用。

1. 什么是地面塌陷？地面塌陷有多少类型？
2. 你见过地面塌陷吗？
3. 有哪些原因会导致地面塌陷？
4. 导致地面塌陷的主要因素是人为因素还是自然因素？

这是谁惹的祸

——多样的自然灾害

自然灾害是人类依赖的自然界中所发生的异常现象，自然灾害对人类社会所造成的危害往往是触目惊心的。它们之中既有地震、火山爆发、泥石流、海啸、台风、洪水等突发性灾害；也有地面沉降、土地沙漠化、干旱、海岸线变化等在较长时间中才能逐渐显现的渐变性灾害；还有臭氧层变化、水体污染、水土流失、酸雨等人类活动导致的环境灾害。这些自然灾害和环境破坏之间又有着复杂的相互联系。人类要从科学的意义上认识这些灾害的发生、发展以及尽可能减小它们所造成的危害，已是国际社会的一个共同主题。

破坏地面完整的“元凶”——水土流失

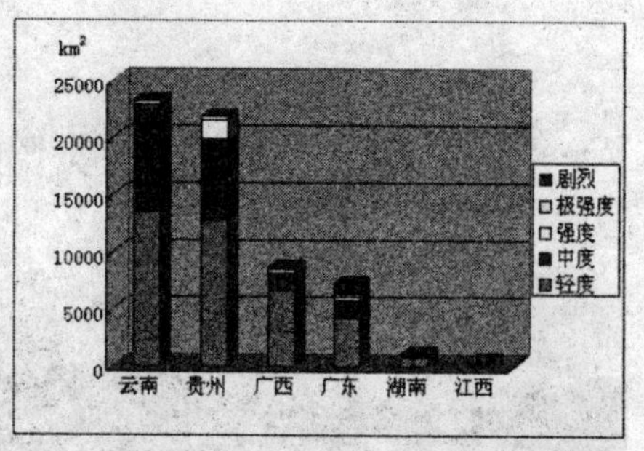

◆珠江流域水土流失强度分布图

地球上人类赖以生存的基本条件离不开土壤和水。在山区、丘陵区和风沙区，由于不利的自然因素和人类不合理的经济活动，造成地面的水和土离开原来的位置，流失到较低的地方，再经过坡面、沟壑，汇集到江河河道内去，这种现象称为水土流失。

自然和人类的双重作用

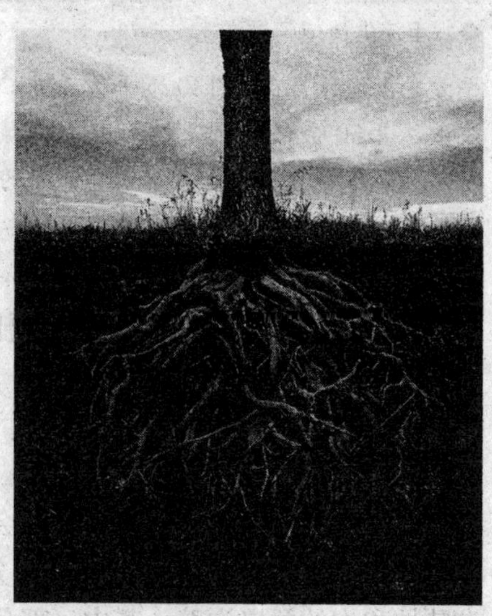

◆水土流失后果严重

水土流失是不利的自然条件与人类不合理的经济活动互相交织作用产生的。不利的自然条件主要是：地面坡度陡峭，土体的性质松软易蚀，高强度暴雨，地面没有林草等植被覆盖；人类不合理的经济活动诸如：毁林毁草，陡坡开荒，草原上过度放牧，开矿、修路等生产建设破坏地表植被后不及时恢复，随意倾倒废土弃石等。水土流失对当地和河流下游的生态环境、生产、生活和经济发展都造成极大的危害。水土流失破坏地面完整，降低土壤肥力，造成土地硬石化、沙化，影响农业生产，威胁城镇安全，加剧干旱等自然灾害的发生、发展，导致群众生活贫困、生产条件恶化，阻碍经济、社会的可持续发展。

水土流失是在湿润或半湿润地区，由于植被破坏严重导致的。如果是在干旱地区的植被破坏，会导致沙尘暴或者土地荒漠化，而不是水土流失。

点击：我国水土流失严重

◆水土流失造成河道淤塞

我国是世界上水土流失最严重的国家之一。全国几乎每个省都有不同程度的水土流失，其分布之广，强度之大，危害之重，在全球屈指可数。我国的农业耕垦历史悠久，大部分地区自然生态平衡遭到严重破坏，森林覆盖率为 12%，有些地区不足 2%，水蚀、风蚀都很强。据 20 世纪 50 年代初期统计，水蚀面积 150 万平方千米，风蚀面积 130 万平方千米，合计占国土总面积的 29.1%，年均土壤流失总量 50 余亿吨，其中约 17 亿吨流入海洋。到 1990 年，全国水土流失总面积达 367 万平方千米，占国土总面积的 38.2%，其中水蚀面积 179 万平方千米，风蚀面积 188 万平方千米。

水土流失的三种类型

根据产生水土流失的“动力”，分布最广泛的水土流失可分为水力侵蚀、重力侵蚀和风力侵蚀三种类型。水力侵蚀分布最广泛，在山区、丘陵区和一切有坡度的地面，暴雨时都会产生水力侵蚀。它的特点是以地面的水为动力冲走土壤。重力侵蚀主要分布在山区、丘陵区的沟壑和陡坡上，在陡坡和沟的两岸沟壁，其中一部分下部被水流淘空，由于土壤及其成土

母质自身的重力作用，不能继续保留在原来的位置，分散地或成片地塌落。风力侵蚀主要分布在我国西北、华北和东北的沙漠、沙地和丘陵盖沙地区，其次是东南沿海沙地，再次是河南、安徽、江苏几省的“黄泛区”（历史上由于黄河决口改道带出泥沙形成）。它的特点是由风力扬起的沙粒离开原来的位置，随风飘浮到另外的地方降落。

◆云南土林风景区就是水力侵蚀水土流失的典型代表

◆海岸工程造成的水土流失

广角镜——黄土高原“沙为患”

“九曲黄河万里沙，黄河危害在泥沙。”作为世界上输沙量最大的河流，黄河每年向下游的输沙量达16亿吨，如果堆成宽、高各1米的土堆，可以绕地球27圈之多。这些泥沙80%来自黄河中游的黄土高原。总面积约64万平方千米的黄土高原，是世界上面积最大的黄土覆盖区。由于该区域气候干旱，暴雨集中，植被稀疏，土壤抗蚀性差，加之长期以来乱垦滥伐等人为因素的破坏，黄土高原成为我国水土流失最严重的地区。据有关资料显示，黄土高原地区的水土流失面积达45万平方千米，占总面积的70.9%，是我国乃至全世界水土流失最严重的地区。而1500多年前的黄

◆黄土高原是我国水土流失最严重的地区

河中游也曾“临广泽而带清流”，森林茂密，群羊塞道。正是人类掠夺性的开发掠去了植被，带来了风沙，使黄土高原满目疮痍。

黄河源区亮“黄牌”

◆青海湖水位下降

◆治理改善青海湖生态环境

青海省作为长江、黄河和国际河流澜沧江三江的重要发源地，因其特殊的地理位置，备受世人关注。然而，近年来由于自然因素和人为因素，致使我国三大江河源头地区的生态环境持续恶化，有关部门已对其亮出了“黄牌”。

日益恶化的生态环境，造成世界上海拔最高、江河湿地面积最大、生物多样性最为集中地区之一的黄河源区水源涵养功能退化、湿地萎缩、灾害频繁，生态系统极其脆弱。“中华水塔”本来是对黄河源的一种美称，也是对青海省生态功能的形象描述，但是，目前这个大水塔却面临着枯竭的危险。近几年来黄河上游来水量较多年平均减少 40% 以上，湿地面积平均每年递减近 59 平方千米，青海湖水位如果以现在每年 12.4 厘米的速度下降，不出百年这个美丽的高原湖泊将不复存在。

为了有效地制止生态不断恶化的趋势，近年来，青海省在西部大开发政策的引导和流域机构的大力支持下，把生态治理、建设，重建秀美山川作为黄河源区今后工作发展的主导方向，结合本省实际先后重点开展了以黄河源区生态资源保护、植树种草、水土保持、防止荒漠化、草原建设、生态农业等针对性措施为重点的水土保持生态工程建设，并确立了八个生

态建设主攻方向各不相同的重点治理区，全面进入了实施阶段。

希望黄河源区生态亮“黄牌”的这种警示，能让国人不仅关注身边眼前的生态安全问题，更能高度关注黄河乃至全国的生态安全问题。让黄河焕发青春，让黄河源区重新找回原始的美丽，并恢复它曾孕育了一个民族、一种文化的力量。

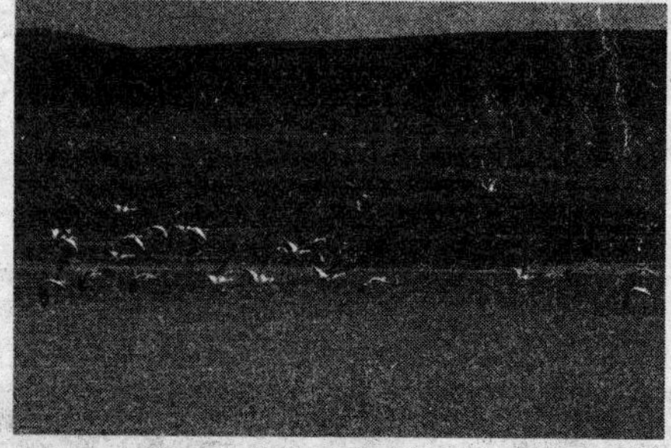

◆鸟类又回到了黄河源区

点击——综合治理改善生态环境

2005年，国家投资75亿元，在包括黄河源头在内的三江源地区实施生态保护和建设工程，实施生态移民、退牧还草、以草定畜、人工增雨等应对措施。

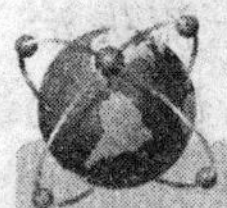

广角镜——“西部金腰带”的沙尘源

近年来，每到春天，一场场铺天盖地的黄沙自甘肃河西走廊腾空而起，从西北到东南，几乎席卷大半个中国。这个历史上曾以“丝绸之路”闻名于世的“西部金腰带”，如今正在风沙的威胁下渐渐褪色，处处可见废弃的村庄，撂荒的耕地，成片成片枯死的林木。这里成了沙逼人走、生态失衡的“难民区”。生态专家在考察河西走廊后认为，这里不仅是我国风沙东移南下的大通道，而且还是我国北方主要沙尘天气的策源地之一。

◆沙尘暴肆虐

数千年来，河西走廊因它厚重的历史而闻名于世：不仅是丝绸之路最重要的

干线路段之一，也是各民族往来、迁徙、交流、斗争、融合的见证。然而，今天的河西走廊却因自然和人为的双重因素，成了中国沙漠化最严重的地区之一，成了“沙尘暴”的源头。

还大地一片绿色

◆经过数十年的改造，黄河上游再现天鹅的身影，这说明周围的生态环境有所改善

◆坡耕地水土流失综合治理再现悠悠绿意

目前，我国水土流失治理正面临着五大焦点问题，即七大江河中上游水土流失治理、坡耕地改造、东北黑土地保护、西南石漠化地区土地资源抢救以及南方崩岗的防治。

我国水土流失治理的第一个焦点是黄河、长江等七大江河中上游水土流失的治理。据了解，对七大江河中上游的大规模水土流失治理，最早是从黄河开始，始于20世纪50年代。目前，七大江河中上游水土流失治理取得了显著成绩，但治理任务仍然十分艰巨。以黄河为例，黄河目前大约有43万平方千米的水土流失面积，它造成了平均每年13亿吨泥沙下泻，仍然是我国水土流失治理中一个最大的难点。

水土流失治理的第二个焦点是坡耕地的改造。目前我国共有约0.24亿公顷坡耕地，占耕地总面积的19.7%。坡耕地是我国水土流失的主要策源地。坡耕地的水土流失不仅造成年均14亿吨土壤侵蚀量，而且使大量耕地资源遭到破坏。近50年来，我国因水土流失而损失的耕地达333万公顷，平均每年损失6.67万公顷，其中很大一部分属于坡耕地。

黑土地的水土流失是从2000年才开始认识到的一个焦点问题。经测

◆东北黑土地上大片的水土流失现状

定，东北黑土区平均流失表土 0.4～0.7 厘米，按此速度推算，东北黑土区 94 万公顷耕地的黑土层 50 年后将全部流失掉。目前，黑土地水土流失的治理已经提上国家议事日程，有关部门正对黑土区进行试点治理。

石漠化是当前我国西南岩溶地区最为突出又亟待解决的环境问题。西南石漠化地区人口多、土地少、环境脆弱，人口、资源、环境的矛盾非常尖锐。西南岩溶地区土层极其脆弱，如果不采取有效的保护措施，35 年后石漠化面积将翻一番，届时将有近 1 亿人失去赖以生存和发展的条件。

◆福建安溪恒美崩岗

第五个焦点是南方崩岗的治理。崩岗是风化的花岗岩地区形成的一种特殊的水土流失现象，主要发生在福建、江西、湖北、广东等地。近年来，因为雨水的冲刷，风化的花岗岩石大片崩塌，湮没农田，淤积水库，造成了很大危害。目前，崩岗的治理问题得到广泛重视。南方可用土地资源比较少，尤其是福建、广东等地，结合崩岗的开发，可以使治理和开发相结合，形成大量后备土地资源。以福建省安溪县为例，在其 2 万公顷乌龙茶茶园中，有一些茶园就是将崩岗推平后形成的丘陵加以开发的。因此，南方崩岗开发和治理相结合的前景较好。

万 花 筒

地上悬河

平均年输入黄河的16亿吨泥沙中，经过长年累积，约有4亿吨沉积在下游河床，致使河床每年抬高8～10厘米。目前，黄河河床平均高出地面4～6米，其中河南开封市黄河河床则高出市区13米，形成著名的“地上悬河”，直接威胁着下游两岸人民的生命财产安全。

追 忆 历 史

留在记忆中的繁华

黄河壶口区上游不远的地方，几十年前还是一个很大很繁荣的码头。现在，河道因为水量太少，泥沙太多，早已不能行船，码头往日的繁荣只残留在上辈人的记忆之中。再加上近几年两岸的降水太少，附近的村民常常颗粒无收，生活越来越困难，只得搬迁，去找有水的地方开荒地，图生存。

链接：宁蒙河套“水告急”

◆数千年以来，河套地区的变迁历尽沧桑，在中华文明的母亲河——黄河的臂弯里，孕育、生成了河套文化。然而河套的水荒同样牵动着人们的心

黄河流域面积近80万平方千米，大部分处于干旱地区，水资源条件先天不足。据统计，黄河拥有水资源只有580亿立方米。而且，黄河水因泥沙太多，每年16亿吨泥沙至少需200多亿立方米的水来冲刷，这样黄河实际拥有的可利用水量每年只有300多亿立方米。

俗话说，天下黄河富宁夏，内蒙河套在其中。宁蒙河套灌区千百年来自流排灌，取水便利，生活耕作在这里的农民从未因农田缺水而犯愁。然而，随着上游河段生态的日益恶化，

人口不断增加和经济的迅速发展，河套灌区的水资源供需矛盾开始日益显现。特别是宁夏地处西北内陆干旱地区，降水十分稀少，地表水严重不足，地下水更是缺乏，黄河过境水是全区最主要的可用水源。

加之近年来，河套灌区冬灌引黄水量被压减至最少量，农业灌溉用水严重短缺。而且黄河上中游持续干旱，出现历史上罕见的枯水形势，造成宁蒙两大引黄灌区严重的“水荒告急”，已给灌区的农业造成了巨大损失。

1. 什么是水土流失？水土流失会带来什么危害？

2. 我国每年的水土流失总量大概有多少？它们都流向了哪里？

3. 水土流失有哪些类型？

4. 世界上面积最大的黄土覆盖区在哪里？那里导致水土流失的最主要的原因是什么？

良田变沙漠——荒漠化

地球陆地表面极薄的一层物质，也就是土壤层，对于人类和陆生动植物生存极为关键。没有这一层土质，地球上就不可能生长任何树木、谷物，就不可能有森林或动物，也就不可能存在人类。然而随着人类的活动，这一层土壤正在遭到破坏，许多地方的森林、良田都变成了沙漠，这些都是荒漠化惹的祸。

地球的“癌症”——土地荒漠化

◆塔克拉玛干沙漠，维吾尔语意“进去出不来的地方”，人们通常称它为“死亡之海”。它是世界第二大流动沙漠

荒漠化被称为“地球之癌”，足以证明它的危害之剧。荒漠化，指地球表面土壤土质的恶化，有机物质下降乃至消失，从而造成表面沙化或板结而成为不毛之地，包括沙漠和戈壁。根据地表形态特征和物质构成，荒漠化分为风蚀荒漠化、水蚀荒漠化、盐渍化、冻融及石漠化。荒漠化导致的土地退化，使大量荒漠化地区的人丧失了家园。目前全球荒漠化土壤正以每年5万～7万平方千米的速度扩展，有10亿以上的人、40%以上的陆地表面受到荒漠化的影响，荒漠化主要集中在干旱、半干旱地区。

地球上的荒漠化地区，大都是最贫困的地区。由于环境恶劣，并且缺乏资金和其他资源，贫困地区的人口被迫加剧开发原已超负荷的土地，如无限制放牧、砍伐森林、过度开垦等来维系生存，从而不断加大土地的负载，形成荒漠化与贫困化的恶性循环。据了解，全球每年有上百万的人，

被迫因为荒漠化而走上命运难卜的迁徙之路。

◆土壤盐渍化也是荒漠化的一大种类

中国每年因土地沙化造成的直接经济损失高达540亿元，直接或间接影响近4亿人口的生存、生产和生活。土地荒漠化、沙化不仅恶化生态环境，弱化土地生产力，威胁江河安全，而且加剧贫困。2003年，中国重沙区农民人均纯收入仅为中国平均水平的2/3，与发达地区差距更大。

小知识——沙漠深处"英雄树"

"胡杨三千年"——生长一千年不死，死后一千年不倒，倒下一千年不朽。这是一种多么顽强的生命啊！胡杨，这种沙漠中野生的落叶乔木，具有非常惊人的抗干旱、御风沙、耐盐碱的能力，能顽强地生存繁衍于沙漠之中，它无愧于"沙漠英雄"的美誉。

◆胡杨在沙漠植物中有着重要的地位

据植物学家介绍，胡杨是西部地区沙生植物当中最具有包容性、极具团队精神的树种，沙漠中没有青山绿水，是生命的禁区，动植物鲜见。然而，胡杨却能够生根于戈壁滩沙海，历经风云变幻，的确有着非凡的能力。胡杨一般都扎根地下十几、二十米，寻得湿土，又从根部生出幼树，幼树长大再生幼树，形成错综复杂的沙下根系网，将地下水汲取到沙丘浅层来，无私奉献给弱小的驼骆草、白草等，供它们生存。胡杨牢牢锁死一片沙丘，扼制了流沙，守住了家园，实现了防治荒漠化的目标。

人类对荒漠化的思考

◆埃及尼罗河流域的金字塔就是古代文明荒漠化最好的印证

◆过度砍伐和放牧是造成荒漠化的人为因素之一

翻阅一下人类文明的历史不难看到，由于人类的无知和傲慢而造成土壤破坏的事例比比皆是。V.G. 卡特和 T. 戴尔在名著《土地和文明》中写道："人类踏着大步前进，在这走过的地方留下一片荒野。"尼罗河流域、两河流域、印度河口等古代文明发祥地，现在都变成了荒漠。在几经盛衰的伊拉克北部、叙利亚、黎巴嫩、巴勒斯坦、突尼斯、克里特、希腊、意大利、西西里、墨西哥、秘鲁等国家和地区，到处可以看到土壤流失所造成的荒漠景象。这些景象比其他什么都更有力地证明了，人类在文明的旗号下对于环境的掠夺达到何种激烈的程度。古代苏美尔人的伟大城邦乌鲁克美丽丰饶，人口一度达 5 万人，如今人们路过这里，只能看到荒漠中的一座沙丘。柏拉图描写公元前 4 世纪的阿蒂拉：我们的土地，同以前相比，宛似一个饱受病魔摧残的躯体。现在位于北非的那片不毛之地，1500 年以前曾经是 600 座繁荣的城池，被称作罗马帝国粮仓。

荒漠化的发生、发展和社会经济有着密切的关系。人类不合理的经济活动是荒漠化的主要原因，反过来人类又是它的直接受害者。与荒漠化有

关的社会经济因素有人口、过度耕种、过度放牧、毁林和低下的灌溉水平等。人口的高增长率在土地荒漠化过程中起着主要作用。

自然的荒漠化现象是一种以数百年到数千年为单位的漫长的地表变化。而现在发生的这种全球性人为的荒漠化则是以10年为单位的、看得见的土地荒废。在几乎没有降雨的荒漠地带，人类无法居住。但是，在与此相邻的半干旱地带也有生产能力较高的地区。在这些地区，游牧民和农民巧妙地生活着，然而这些地区也正在受到过度开发。森林被烧毁或砍伐，变成了热带深草原，而再经受过度的农耕和放牧，土壤干燥化进一步加剧，仅存的植物在人类和牲畜的破坏下荡然无存，逐渐演化为荒漠。

想一想议一议

消失的楼兰古国

历史上的楼兰古国，曾经绿树环绕，水草丛生，牛羊成群。然而，这座繁荣喧闹的古城，却在公元4世纪以后，突然从中国的史册中消失了！楼兰古国的消亡与其说是天灾，不如说是人祸！固然有先天严酷恶劣的自然环境的原因，但人类不顾自然规律，掠夺式的无节制的开发活动则是加速其生态恶化的主要原因和症结所在。

小知识——世界防治荒漠化和干旱日

根据联合国大会第二委员会的建议，从1995年起把每年的6月17日定为“世界防治荒漠化和干旱日”，旨在进一步提高世界各国人民对防治荒漠化重要性的认识，唤起人们防治荒漠化的责任心和紧迫感。

知识库——沙漠里的似锦繁花

仙人掌类植物多数生长在荒无人烟的荒漠地带，为适应严酷的自然环境，其叶片多退化成刺状，外形或球形，或柱状，或匍地成垫状，看起来笨拙而单调，可谓貌不惊人，甚至丑陋。然而，多数仙人掌类植物却有着美丽的花，遇到合适的条件，它便要不顾一切地怒放开来。

◆仙人掌是沙漠中的“绿洲”

阻止荒漠化——全球化的一场战争

◆干旱和荒漠化是制约非洲发展的重要因素之一

1977 年，联合国环境规划署向世界宣布，全球正在遭受荒漠化威胁，招致当时尤其是西方新闻界舆论界的嘲笑和攻击，荒漠化的说法被认为是“人间神话”。1994 年《联合国防治荒漠化公约》签署以后，仍有报刊载文把荒漠化称为“茶杯中的沙粒”，将荒漠化公约称之为“无病呻吟的条约”，一度导致了个别发达国家对荒漠化公约持旁观态度。

事实上，荒漠化的过程一直存在，只是有时缓慢不动声色，有时猛烈迅雷不及掩耳。人类历史上，在荒漠化侵蚀中已经消失了不止一处的城镇、绿洲，甚至一大片文明。

往往是巨大灾难发生之后，人们才会意识到危险的存在。国际社会真正注意关注荒漠化问题，是在发生于 20 世纪 70～80 年代非洲撒哈拉以南的那场大干旱大饥荒之后。联合国说这是人类近百年来经历的特大灾害之一。当时发生饥荒的国家有 21 个，最严重的是埃塞俄比亚，其饥民超过

700万人，据联合国统计，仅在1984年2～11月的9个月内饿死逾30万人。1985年第一场雨水降临之前，累计的死亡人数已高达120万人。

◆一群孩子在等待政府工作人员分配饮水

这场灾难促使第28届联大在1973年要求联合国环境发展署就撒哈拉周边国家及其他具有类似地理条件地区的荒漠化问题寻求解决途径。同年，联合国成立了“苏丹撒哈拉办事处”，以协调该地区9个容易发生干旱国家的国际援助，后来它的活动范围扩展到包括撒哈拉以南、赤道以北的22个国家。

科技导航

滴灌浇出现代以色列

“水利是农业的命脉”，对以色列而言，把握农业命脉不在于挖沟渠，而在于科学灌溉与高效率用水。滴灌从根本上改变了传统耕耘观念，使每寸土地都包含着高科技。电脑滴灌系统把混合了肥料、农药的水渗入植株根部，以最少量的水养育出最好最多的庄稼；滴灌也使城镇绿意浓浓，沙漠里出现成片的绿色。

科技文件夹

如何固定沙丘？

沙丘固定就是用秸秆或树枝之类的东西插入沙地，将沙地分隔成1平方米见方的格子，把沙丘固定住不再流动，然后再在格子里播撒草种，让草儿和灌木重新长起来。

在中国北方筑起生态屏障

在中国第四大沙漠——腾格里沙漠的南部，当地人民已经开始探索建设温棚种植乳瓜、辣椒、葡萄等蔬果，这些口感好、品质高的绿色有机食

◆三北防护林工程是中国防治荒漠化的示范工程地区

品极受欢迎，很多人为了尝鲜不惜开车到沙漠里来购买。

然而，这样的场景在从前却是奢求。风沙肆虐，随风而至的沙尘迷得人眼睛都睁不开，在本该享受春光的日子却不得不裹着头巾出行。我国政府决定自 1978 年开始，在东起黑龙江宾县，西抵新疆乌孜别里山口，北至国境，南沿天津、汾河、渭河、洮河下游、喀喇昆仑山一线，包括 13 个省区市的 551 个县（旗）市，总面积达 406.9 万平方千米的辽阔大地上，建设一道“绿色长城”。这就是“三北防护林工程”。

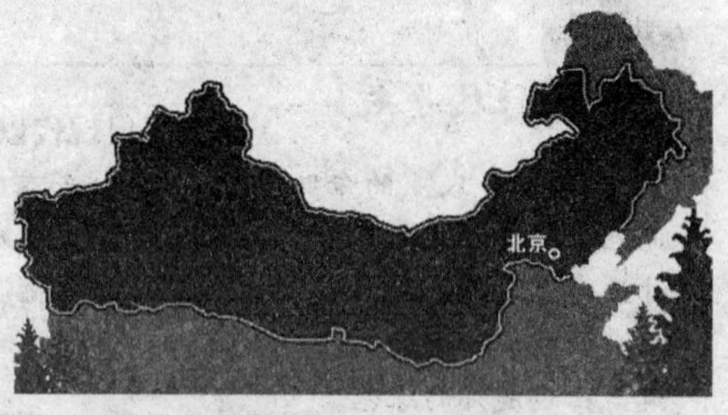

◆三北防护林工程筑起 4000 多千米绿色长城

经过 30 多年的努力，三北防护林工程已经在中国北方筑起一道坚实的绿色屏障，成为统筹人与自然和谐发展的标志性工程。目前工程区累计完成造林保存面积 2446 万公顷，森林覆盖率由 1977 年的 5.05％提高到现在的 10.51％；治理沙化土地 30 多万平方千米，保护和恢复沙化、盐碱化严重的草原、牧场 1000 多万公顷。

如今，三北防护林工程已经进入第四期工程，涉及范围扩展到 590 个县，区域跨度更大，占国土面积的 42.4％。

据第三次全国荒漠化和沙化监测表明，陕、甘、宁、蒙、晋、冀 6 省（区）实现了由“沙逼人退”向“人逼沙退”的历史性转变。重点治理的毛乌素、科尔沁两大沙漠实现了根本性转变，已进入了改造利用沙漠的新阶段。

科技导航

三北防护林工程重点树种——樟子松

樟子松是欧洲赤松分布至远东地区的一个地理变种。实践证明，樟子松是我国三北地区防沙治沙的先锋乔木品种，具有生态幅度宽、适生地域广和生长寿命长等优良特性。樟子松成为三北防护林工程今后发展的重点树种，工程涉及的13个省（区、市）应大力发展樟子松防风固沙林、农防林，在有条件的地方发展樟子松用材林。

点击——荒漠化的危害

土地荒漠化使每年季节性的沙尘暴天气频发，为空气污染雪上加霜。沙尘一旦携带了某种致病细菌、病毒，或者某地遭受化学污染，沙尘一路随风所到之处造成的危害或损失有可能是灾难性、毁灭性的。当荒漠化向人口密集区发展，人类作出的最直接反应将是迁徙——去寻找适合居住的场所。荒漠化在历史上曾造成过一座又一座城池的废弃和消失。如今，荒漠化向大中城市逼近的速度在加快，如不尽快扼制土地荒漠化进程，历史上弃城而去的悲剧就有重新上演的可能！一旦出现沙临城下导致人口被迫迁移的局面，国家经济和社会结构将面临重大挑战！

◆荒漠化使城市沙尘暴频现

荒漠化面前我们该怎样作为?

◆草方格是固沙的重要措施

荒漠化防治主要以固定土壤为主。当然，出现盐渍化的土壤和因环境污染造成的植物生产力下降，造成的土地荒漠化，这样就需要采取另外的措施。干旱半干旱区的土地荒漠化直接诱发沙尘暴、水土流失等自然灾害，造成宝贵的土壤物质大量损失。因此，必须采取科学的措施护土防沙，防止水土流失。

机械工程措施防治荒漠化

如沿着铁路沿线、公路沿线的防沙网格，草方格、塑料网格、枯树枝条方格都是在风沙危害地区常用的措施。在黄土高原地区，人工梯田、鱼鳞坑等都是保持水土的常见工程措施。还有人提出，用沥青等化学物质将流动的沙子固定，或者研究沙粒凝固剂等将沙子固定，是从另外的角度防止荒漠化扩大。

◆鱼鳞坑造林

生物工程措施防治荒漠化

进入新世纪以来，国家实施的六大林业重点工程、草原保护和建设工程、水土保持项目、内陆河流流域综合治理项目等一批有关防沙治沙的工程项目，都是典型的生物工程措施。在生物工程措施中，植物是最常用的。而植物中，过去侧重植树造林，对于种草重视不太够，应当在今后的具体实践中充分认识草的作用。尤其在半干旱的草原地区以及四大沙地，

草的作用大于灌木，灌木大于森林。在极端干旱地区，连草本植物也不能生长，但是在沙漠上有一种地衣和藻类植物与土壤颗粒形成的“生物结皮”。生物结皮在荒漠化防治中的作用尚没有引起人们的足够重视。

◆植草种树，防治荒漠化

依靠自然力恢复遏制荒漠化

这个做法非常简单，简单到人类什么都不需要做，而是将人和牲口退出来，将荒漠化土地恢复的任务交给自然界去做。自然力恢复适宜的地区为新近退化的区域，那里土壤种子库尚存，或者地下尚有各种繁殖体。以前我们提倡的“封山育林育灌育草”就是典型的自然力恢复。自然力恢复在具体操作上就是建立自然保护区。自然力恢复看起来简单，实际操作起来并不容易，关键是人退出来后，社区生存的问题怎么解决。

生物结皮是由土壤微生物、藻类、地衣和苔藓植物等孢子植物类群与土壤形成的有机复合体。它的形成使土壤表面在物理、化学和生物学特性上均明显不同于松散沙土。

◆敦煌是古老的丝绸之路沿途的一片绿洲。如今，这个古城面临被库姆塔格沙漠吹来的沙尘吞没的危险

人与自然的和谐相处

我国生态最脆弱的地区大多位于西部，这里的自然环境原本就不适宜大量人口的生存。解决生态退化问题的根本出路在于人主动撤离那些地区，而集中到城(镇)中去。目前，美国约有80%的人生活在城市里，韩国25%的人口集中在首尔，埃及的尼罗河流域集中了全国99%的人口，其余地区处在自然

状态，生态退化很少发生。应以人为本，将分散的、撒胡椒面式的经费使用模式向城镇集中，将以前用于生态补偿、修路、救灾、教育、医疗卫生、灭蝗灭鼠、造林种草、飞机播种、水利工程、希望工程等等的费用集中起来使用，这样才能大大提高经费使用的有效性。利用城市化的各种有利条件，提高人民的物质与文化生活水平，实现城市化与治理生态退化的双重目标，建设好社会主义新农村。

知识库——沙漠第一泉

◆由于地表水减少、地下水下降，月牙泉如今水面仅有0.53公顷，水深不足3米

月牙泉，梦一般的谜，千百年来不为流沙而淹没，不因干旱而枯竭。在茫茫大漠中有此一泉，在黑风黄沙中有此一水，在满目荒凉中有此一景，深得天地之韵律，造化之神奇，令人神醉情驰。

拓展思考

1. 什么是荒漠化？荒漠化的速度有多快？
2. 你能例举出几个荒漠化的原因吗？为什么这些原因会导致荒漠化？
3. 哪种植物被誉为“沙漠英雄”？
4. 如何阻止荒漠化？我国为了阻止荒漠化做了哪些工作？取得了哪些成绩？

登山者的死神之吻——雪崩

雪崩，俗称白色雪龙，是在长年积雪的山中常有的自然灾害，每年都有很多人死于雪崩。产生原因通常是覆雪处于一种“危险”的平衡状态下，如果稍微有外力作用，就会失去平衡，造成雪块滑动，进而引起更多的覆雪运动，使大量的积雪瞬间倾盆而下，附近的人及村庄往往不能幸免。

“不平衡”的灾难

◆美丽的雪山处处隐藏着危机

积雪的山坡上，当积雪内部的内聚力抗拒不了它所受到的重力拉引时，便向下滑动，引起大量雪体崩塌，人们把这种自然现象称做雪崩。也有的地方把它叫做“雪塌方”、“雪流沙”或“推山雪”。雪崩，每每是从宁静的、覆盖着白雪的山坡上部开始的。突然间，咔嚓一声，勉强能够听见的这种声音告诉人们这里的雪层断裂了。先是出现一条裂缝，接着，巨大的雪体开始滑动。雪体在向下滑动的过程中，迅速获得了速度。于是，雪崩体变成一条几乎是直泻而下的白色雪龙，腾云驾雾，呼啸着向山下冲去。

雪崩是一种所有雪山都会有的地表冰雪迁移过程，它们不停地从山体高处借重力作用顺山坡向山下崩塌，崩塌时速度可以达 20～30 米/秒，随着雪体的不断下降，速度也会突飞猛进，一般 12 级的风速度为 20 米/秒，而雪崩将达到97米/秒，速度可谓极快。它具有突然性、运动速度快、破坏力大等特点。它能摧毁大片森林，掩埋房舍、交通线路、通讯设施和车辆，甚至能堵截河流，发生临时性的涨水。同时，它还能引起山体滑坡、山崩和泥石流等可怕的自然灾害。因此，雪崩被人们列为积雪山区的一种严重自然灾害。

◆雪崩发生速度快，破坏性大

都是“白霜”惹的祸

◆雪崩时雪地发生裂缝

雪崩常常发生于山地，有些雪崩是在特大雪暴中产生的，但常见的是发生在积雪堆积过厚，超过了山坡面的摩擦阻力时。雪崩的原因之一是在雪堆下面缓慢地形成了深部“白霜”，这是一种冰的六角形杯状晶体，与我们通常所见的冰碴相似。这种白霜的形成是因为雪粒的蒸发所造成，它们比上部的积雪要松散得多，在地面或下部积雪与上层积雪之间形成一个软弱带，当上部积雪开始顺山坡向下滑动，这个软弱带起着润滑的作用，不仅加速雪下滑的速度，而且还带动周围没有滑动的积雪。

人们可能察觉不到，其实在雪山上一直都进行着一种较量：重力一定要将雪向下拉，而积雪的内聚力却希望能把雪留在原地。当这种较量达到高潮的时候，哪怕是一点点外界的力量，比如动物的奔跑、滚落的石块、刮风、轻微地震动，甚至在山谷中大喊一声，只要压力超过了将雪粒凝结

◆雪崩

成团的内聚力，就足以引发一场灾难性雪崩。尤其是刮风。风不仅会造成雪的大量堆积，还会引起雪粒凝结，形成硬而脆的雪层，致使上面的雪层可以沿着下面的雪层滑动，发生雪崩。

然而，除了山坡形态，雪崩在很大程度上还取决于人类活动。据专家估计，90%的雪崩都由受害者或者他们的队友造成，这种雪崩被称为“人为休闲雪崩”。滑雪、徒步旅行或其他冬季运动爱好者经常会在不经意间成为雪崩的导火索。而人被雪堆掩埋后，半个小时不能获救的话，生还希望就很渺茫了。我们经常会看到这样的报道，说某某人在滑雪时遭遇雪崩，不幸遇难。但那时，雪崩到底是主动伤人，还是在人的运动影响下，被动发生就不得而知了。

历史故事

罕见的雪崩

1950年，我国西藏东部的波密地区发生了一次罕见的雪崩。雪崩中，一个庞大的雪体从海拔6000米的高山上崩落下来。这个庞大雪体所经之处，形成了类似核弹爆炸冲击波那样的巨大冲力，把森林植被一扫而光。1970年，我国天山南部高山带发生的一次雪崩中，不仅扫光了沿途的森林，还摧毁了房屋，造成了人畜伤亡。

掌握技巧，巧妙逃脱雪崩

遇到雪崩时，切勿向山下跑，因为雪崩的速度可达每小时200千米。你应该向山坡两边跑，或者跑到地势较高的地方。跑不过雪崩的话，闭口屏气是唯一选择，因为气浪的冲击比雪团本身的打击更可怕。雪崩时大量

◆雪崩发生时，形成的气浪是十分巨大的

的积雪会往下泻，如果雪崩不是很大，你可以抓住树木、岩石等坚固物体，待冰雪泻完后，便可脱险。如果被冲下山坡，一定要设法爬到冰雪表面，同时以仰泳或狗扒式泳姿逆流而上，逃向雪流边缘。压住你的冰雪越少，你逃生的机会越大。

雪崩时“唯一”的生存机会是自我救护或同伴的搜救。在积雪破裂使你跌倒之前，赶快以45度角向下侧方逃离雪崩板块。如果跌倒、翻滚，要抓住树干或者其他安全的物体，采用游泳姿势，尽力保持浮在流雪上面。当流雪开始减速时，清理自己眼前的呼吸通道，努力把一只手伸出雪面，保持镇定。如果被雪埋住，一定要奋力破雪而出，因为雪崩停止数分钟后，碎雪就会凝成硬块，手脚活动困难，逃生难度更大。如果雪堆很大，一时无法破雪而出，就双手抱头，尽量造成最大的呼吸空间，让口中的口水流出，确定自己是否倒置，然后往上方破雪自救，时间就是生命！

雪崩时被雪埋没怎么办？遭遇雪崩并被雪埋没时，最好是平躺，用爬行姿势在雪崩面的底部活动。丢掉包裹、雪橇、手杖或者其他累赘，覆盖住口、鼻部分以避免把雪吞下。休息时尽可能在身边造一个大的洞穴。在雪凝固前，试着到达表面。扔掉你一直不能放弃的工具箱——它将在你被挖出时妨碍你抽身。节省体力，当听到有人来时大声呼叫。

历史趣闻

战争中的雪崩

第一次世界大战的时候，意大利和奥地利在阿尔卑斯山的特罗尔地区打仗，双方死于雪崩的人数不少于4万。这是因为双方经常有意用大炮轰击积雪的山坡，制造人工雪崩来杀伤对方。后来有个奥地利军官在回忆录里感叹地说：“冬天的阿尔卑斯山，是比意大利军队更危险的敌人！”

1. 什么是雪崩？发挥你的想象力，说说发生雪崩的原因。

2. 雪崩的危害大吗？雪崩时的速度有多少？雪崩发生的同时，还能发生什么灾害？

3. 雪崩的发生有哪些规律可循？

4. 如果你遇到雪崩，该如何逃脱？

低海拔国家的危机——冰川融化

◆北极危情——冰川融化

冰川是地球上最大的淡水水库，全球70%的淡水被储存在冰川中。自1850年小冰期结束以来，全球冰川开始发生退缩，这种退缩属于正常气候变化现象。然而，近几十年来来自世界各地的资料表明，全球冰川正在以有记录以来的最大速率在世界越来越多的地区融化着，到20世纪90年代全球冰川呈现出加速融化的趋势，这一时段也正好是有记录以来全球最为温暖的10年。冰川融化和退缩的速度不断加快，这意味着数以百万的人口将面临着洪水、干旱以及饮用水减少的威胁。

冰川在不知不觉中融化

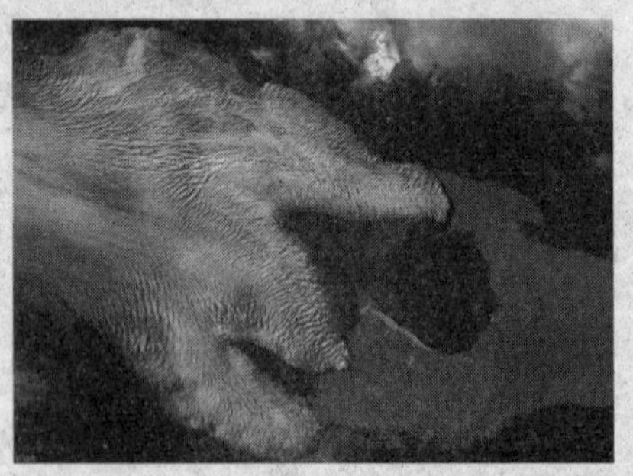

◆1996年时，灰冰川面积达到270平方千米，但到了2007年，根据这张由国际空间站宇航员拍摄的照片显示，冰川面积大幅度缩小了。科学家认为，当地温度升高是导致冰川面积大幅缩小的主要原因

冰川的形成是由于昼夜温度的变化和压力作用，雪反复融化和凝固，形成一层薄冰壳。当雪积累到一定厚度后，松散的雪花便逐渐形成粒状的冰，逐渐增厚的冰层产生静压力，排出空气，重新结成致密、透明，呈微蓝色的冰川冰。冰川冰具可塑性，在压力和重力作用下将顺山坡或谷地向下运动，便形成冰川。科学家称，最能显示气候变化的是建立在小块陆地上的冰川，它们能够

敏感地显示当地温度与降雪变化。来自世界各地的科学家利用卫星监测了欧洲、冰岛和阿拉斯加的冰川。有些冰川在边缘退缩的同时，中心也在变薄。上一次的全球气候变暖是在12万年前，格陵兰岛冰层泻入大海，海平面上升20英尺（约6米），如果这样的事情再次发生，包括荷兰和孟加拉国在内的沿海国家和地区都会被淹没。

轶闻趣事——可怕的史前微生物

冰川的融化会导致埋藏在冰盖中几百年甚至几万年的微生物被暴露出来，微生物的扩散会影响人类的健康。有机农药在20世纪的中期曾经被广泛使用，尽管现在很多种类的农药都被限制使用，但许多农药中的有害物质随空气的流动被带到寒冷的地方，就被压缩和储存在冰川中。冰川的融化会使这些有毒有害物质泄漏出来，污染冰川周围的湖泊河流等。

冰川融化速度惊人

◆冰岛南海岸的冰川一点点地融化着，正在逐渐消失。冰川中间的蓝湖就是坚冰融化形成的

由于全球气候逐渐变暖，世界各地冰川的面积和体积都有明显的减少，有些甚至消失。这种现象在低纬度和中纬度的地方尤其显著。

非洲肯尼亚山的冰川失去了92%，而西班牙在1980年时有27条冰川，现在减少至13条。欧洲的阿尔卑斯山脉在过去一个世纪已失去了一半的冰川。2003年入夏席卷欧洲各国的热浪使当地的气温接近或超过了历史最高记录。在瑞士，3900米高的费尔佩克斯雪山山顶的气温达到了5℃，那里冰川的厚度下降到了近150年来的最低点。在中国天山，约有22%的冰川体积在过去40年渐渐失去。天山是中国最大的冰川区，共有冰川6890多

◆冰川断开时呈现出一张“哭泣的脸”

条，总面积约 9500 多平方千米。新疆北部和南部的冰川目前都发现萎缩现象，冰川出现不同程度的后退。乌鲁木齐河发源于天山的天格尔峰 1 号冰川，河水年径流量为 2.35 亿立方米，是乌鲁木齐市的主要水源，1 号冰川一直处于后退状态，从 1962 年开始的 30 年内，冰川退缩了 140 米。近年来，祁连山冰川缩减，融水比 20 世纪的 70 年代减少了大约 10 亿立方米。冰川局部地区的雪线正以年均 2～6.5 米的速度上升，有些地区的雪线年均上升竟达 12.5～22.5 米。

在喜马拉雅山，一条最大的冰川从 1935 年以来已缩短了 300 多米。近年来，珠峰地区的东绒布冰川和中绒布冰川消融加剧，冰川明显退缩，20 世纪 60 年代初，珠峰地区冰川尾部在海拔 5400 多米处，到 80 年代，由于珠峰地区对外开放，在该地区登山、探险、旅游的人数迅速增加，当地群众已把牦牛通道修到海拔 6500 米处。科学家预计，在未来 35 年间，喜马拉雅山冰川面积将缩小 1/5。

小知识

高山是地球的水塔，冰川融化后，水注入所有生命赖以生存的河流、湖泊。如果全球的冰川像喜马拉雅山地区的冰川一样快速缩小，世界上许多河流将会干涸，人类的饮水供应和野生动物的生存就会面临严重威胁。

冰川融化带来的恶果

海平面上升：科学家认为，在过去的一个世纪里，冰盖和山地冰川的融化，是导致全球海平面上升10～25厘米的原因之一。如今，冰川融化导致海平面上升的数值正在不断增加着。如果南极冰盖发生崩解，会引起全球海平面上升近6米。如果南北极两大冰盖全部融化，其结果会使海平面上升近70米。这将淹没沿岸大片地区，使得居住在这些地区占世界一半人口的居民不得安宁，所有的沿海地区都将变成汪洋大海，美国纽约只能剩下联合国大厦和几座摩天大楼的楼顶，法国巴黎也许只能看到埃菲尔铁塔的塔顶，而荷兰、英国等几十个低洼国家将不复存在。

◆冰川融化导致海平面上升，将威胁到沿海低海拔地区

◆小冰山不断地在水中融化，大量的淡水就这样流失掉了

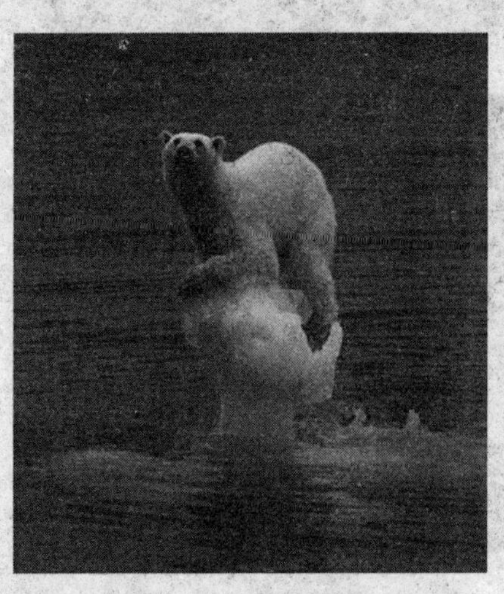

◆冰川融化，这只北极熊将去哪里

全球气候变化明显：冰川，特别是极地大范围冰盖能大量反射太阳光，从而有助于人类居住的地球保持温度不至于升高。然而，当冰川融化后暴露的陆地和水面就会吸收太阳热量，从而导致冰体融化更多，由此连锁反应势必加速地面增温过程，加速气候变暖。而北极地区冰体过度融化后较冷冰水却会对欧洲部分地区和美国东

部地区产生冷却效应，冰水流入北大西洋，又可能会使那里的大洋环流模式遭到破坏，反过来又影响着全球气候变化。冰川消融更会给局部地区带来灾害。如喜马拉雅山冰川如果融化，在5～10年内，会使尼泊尔、不丹境内近50个冰川湖泊决堤而引发洪水泛滥；夏季冰川快速消融也会引发印度境内印度河、恒河水位上涨而造成洪灾。相反，随着冰川的退缩，大部分以冰川融水为水源的地区将会严重缺水，如秘鲁、印度北部就因冰川的加速消融而面临着缺水危机。

海冰是海象的重要交通工具，这种安全平台可以将母海象和刚出生的幼仔送到食物丰富的海域中。随着海冰的消失，许多幼仔将会淹死在海水中或是因为找不到食物而饿死。

生态环境遭到破坏：冰川消融使一些动植物的生活环境被破坏，也给人类生存环境造成威胁。有报道说，与冰盖变化有关的北极熊难以寻食而体重下降，南极的企鹅和海豹也因海冰减少和气温上升而改变了生活习性和繁殖方式。

轶闻趣事——冰川锅穴

◆冰川锅穴

随着气候变暖，许多冰盖早已开始融化，冰川融水形成了一条条溪流。这些溪流最终又会流入冰川锅穴之中。冰川锅穴就是冰川中近于直立的井穴或洞穴，是由冰面因融化等原因坍落而形成的。人们站在这样的冰面上，可以听到巨大的水流声，可以明显感受到危险的存在。如果落入冰川锅穴之中，你将会永远被埋于冰层之下。冰川融水流入冰川锅穴后还会起到一种润滑作用，

促使冰川向大海加速移动，最终整个冰川消失于海水之中。

冰川融化，10 亿人恐失水源

喜马拉雅山脉高处的冰川正在以超出我们预想的速度融化，这将使得生活在南亚的近 10 亿人面临着失去水源供应的危险。

◆阿根廷冰川 20 年巨变

现在，印度、中国和尼泊尔境内的多达 15000 条冰川已经是零星点缀在喜马拉雅山脉，那里高出海平面 7200 米，长年空气稀薄，气候寒冷，但由于全球气候变暖的影响，原来看似用之不尽的冰川似乎也快到尽头了。全球地面最高的地方的温度每 10 年上升 0.3℃，也就是说到 2100 年，全球地面温度将上升 3℃，但高山冰川地区上升的温度至少将是地面上升温度的两倍。

轶闻趣事——自然界能量迁移增加

科学家的最新研究表明，大气层中一种自然的、周期性的能量增长正在北极圈附近从南向北移动。这种向北移动的由洋流造成的风暴带来的能量迁移并非唯一产生冰川融化作用的因素。正是在自然界能量迁移增加和人类活动造成的全球气候变暖的双重作用下，才使北极地区气候异常，导致冰川融化。

1. 冰川融化会带来什么后果？会给人类带来什么灾难？

2. 为什么目前冰川融化的速度在加快？你能举出几个冰川飞速融化的例子吗？

3. 什么是冰川锅穴？它是怎么形成的？

4. 喜马拉雅山的冰川如果按现在的速度融化，有多少人将没有淡水来源？

来自太阳的“恩赐”——太阳风暴

◆太阳风暴会“吞噬”地球吗

2012年9月22日午夜，美国纽约曼哈顿区上空将布满了一道五彩斑斓的光幕。在像纽约这样的南部地区，很少有人能够看到这种极其迷人的极光现象。不过，人们欣赏美景的心情不会持续太久。几秒钟后，该地区所有电灯开始变暗并闪烁不定，接着光线在瞬间突然增强，灯泡变得异常明亮；而随后，所有电灯又全部熄灭。这次灾难来源于猛烈的太阳风暴，发生在距离我们1.5亿千米之外的太阳表面。上述科幻故事听起来或许有些荒谬，但是太阳风暴确实会对地球造成一定的影响。

太阳公公会“发怒”

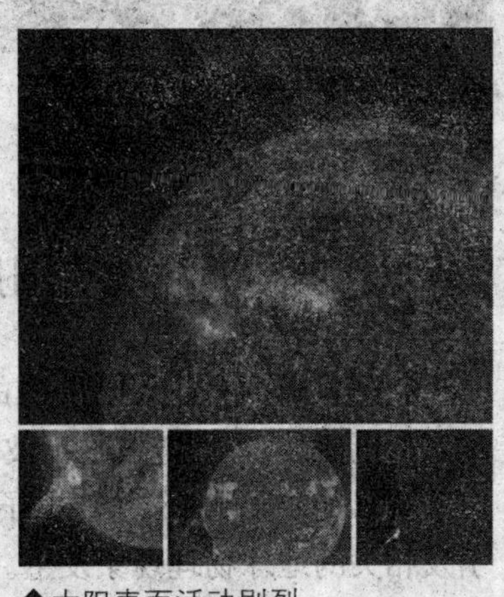

◆太阳表面活动剧烈

太阳风暴是剧烈太阳活动及其在日地空间引起的强烈物理效应的通俗说法。太阳上出现结构复杂的黑子是发生太阳风暴的征兆。太阳风暴是太阳因能量增加向空间释放出的大量带电粒子流形成的高速粒子流。由于太阳风暴中的气团主要内容是带电等离子体，并以每小时150万～300万千米的速度闯入太空。太阳风暴随太阳黑子活动周期每11年发生一次，它是一种太阳自身的周期性变化。科学家形象地

把太阳风暴比喻为太阳打“喷嚏”。每个周期内都会有峰年，这时太阳表面会产生大耀斑和巨大的黑子群，而黑子群释放的气体和带电粒子与地球磁场发生撞击后会产生地磁冲击波，而后引发地球磁暴，这就是太阳风暴的形成过程。太阳风暴是太阳磁场变化到一定程度导致能量爆发的产物。

科技文件夹

太阳上不同区域的磁场互相影响，到达一个“极限点”之后如果遇上电流，就会在瞬间生成新的磁场，太阳大气中大量带电粒子向外喷发。

轶闻趣事——《2012》真的会上演现实版吗?

◆《2012》的电影会变成现实吗

在过去几十年间，人类社会在发展的同时，也在为毁灭自己埋下了伏笔。现代的生活方式过度依赖各种科学技术，无意间让我们更多地暴露于一种超级危险之中。很多专家预测2012年的太阳风暴比较猛烈，会对全球的网络、通讯、卫星信号等产生巨大的影响而导致大面积停电停水，交通瘫痪，无法进行通讯，对人类产生严重的后果。

太阳风暴影响通讯

太阳风暴期间，太阳发出的X射线和远紫外线（指波长为0.1～140纳米的电磁波）、射电波（指波长为1毫米～10厘米的电磁波）以及高能粒子流（如质子、α粒子、电子等）等离子体云等都会大大加强，从而会引发相关的地球物理现象发生。

太阳风暴期间所射出的X射线会比平时增加1000倍，X射线的增加会大大增加地球大气中电离层的电子密度，从而使短波无线电通讯受到严重干扰，甚至会导致无线电通讯中断。例如，1989年太阳活动22周峰年期间，一次大的太阳耀斑曾使地球上的短波无线电通讯中断达1小时以上。太阳风暴时产生的高能粒子流会使空间飞行中的一些探测仪器和计算机系统受到严重损害，并会直接威胁到太空飞行人员的生命安全。全球定位卫星GPS9783在太阳活动22周峰年期间共发生了13个位翻转错误。太阳风暴时的高能质子会在地球的近地空间造成通量较大的太阳宇宙线事件，被称为质子事件。同时这些高能质子还会使地球两极上空的大气发生扰动，导致短波通讯中断等。太阳风暴时紫外线辐射的强烈变化会直接改变地球高层大气的温度和密度，从而会使人造卫星等空间飞行器的轨道发生改变，直接威胁其运行安全。

◆地球的极光，由来自太阳的高能带电粒子流（太阳风）使高层大气分子或原子激发而产生

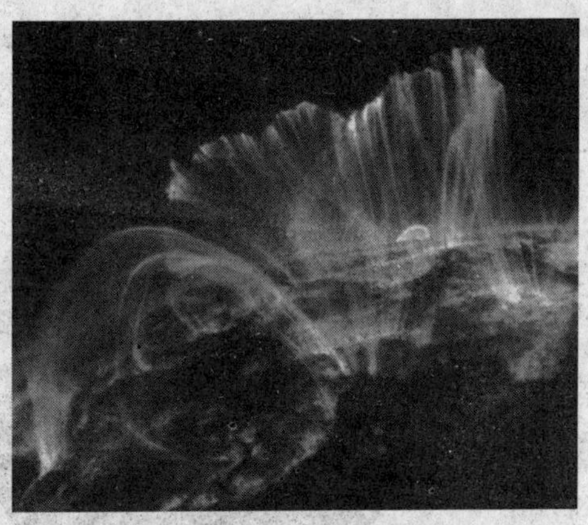

◆太阳表面喷发出高能量物质

太阳风暴对地球的另一个重要影响是导致磁暴的发生。太阳耀斑期间喷射出的等离子体云到达地球附近后与地球磁层作用有时会引起强烈的磁暴发生，使地球磁场受到干扰，从而影响卫星、地面通讯以及供电网络、石油输送管道的正常工作。

历史故事

强烈的磁暴

1989年太阳活动22周峰年期间磁暴曾使加拿大魁北克的一座大型水力发电厂受到严重冲击，致使供电系统瘫痪，600多万人在无电的冬天度过了9个小时，电力损失达2000千瓦；不仅如此，强磁暴同时还烧毁了美国新泽西州的一座核电站的巨型变电器。

广角镜——大气层的保护

◆太阳风暴能中断通信

科学家发现一些气象要素的长期变化与太阳活动的11年和22年周期之间有关。中国长江中下游的洪涝灾害也有22年左右的准周期。太阳活动对地震活动存在着一定的调制作用，统计结果表明，往往在太阳活动峰年后3～4年会出现强地震活动。

但也有专家表达了不同的看法，认为太阳风暴的影响主要集中在外太空，而由于地球磁场和大气层的阻挡效应，生活在地球上并不会因此受到过于明显的干扰。专家们表示，当太阳风暴活动活跃时，黑子不断燃烧、爆炸，其间释放的大量紫外线会使地球上空的电离层浓度突然增加，吸收掉短波的能量，从而造成对短波无线电信号的干扰。但日常生活中人们使用的手机，包括部分无线电都不通过电离层传播信号，因此一般的太阳风暴对地球表面的通信影响不会太大。理论上，一般的太阳风暴强度还不至于冲破地球大气层和磁场的保护，而对地球上的现存物种构成致命威胁。

1. 什么是太阳风暴？你能列举出几种太阳风暴的表现形式吗？
2. 太阳风暴是如何影响地球通信的？
3. 大气层有什么作用？
4. 太阳风暴形成的磁暴是怎么回事？它对地球有哪些影响？

是谁中断了卫星信号——日凌

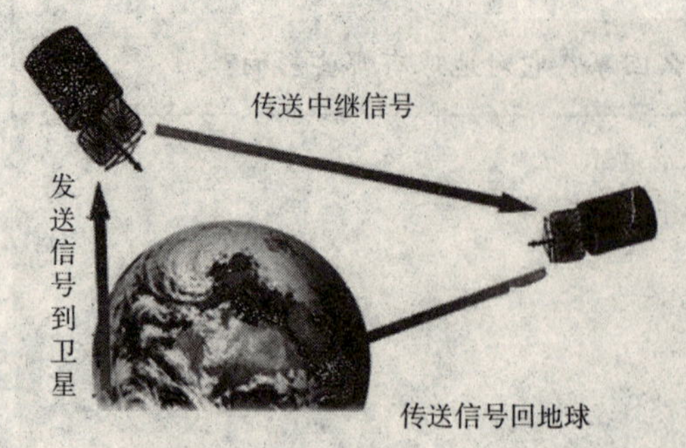

◆通信卫星工作原理

卫星通信，就是利用通信卫星作为中继站来转发无线电信号，实现两个或多个地面卫星站之间的通信，是现代通信技术和航天技术相结合并由计算机实现其控制的先进通信方式。它居高临下，视野开阔，不受地理条件的限制，也不受自然灾害的影响，只要在它的覆盖范围内，不论距离的远近，都可以实现通信。但是，在卫星通信过程中，地面卫星接收站每年都要在春分和秋分前后遇上两次接收信号中断的现象，这种现象是太阳造成的，被人们称为“日凌中断通信”。

为什么日凌能中断通信

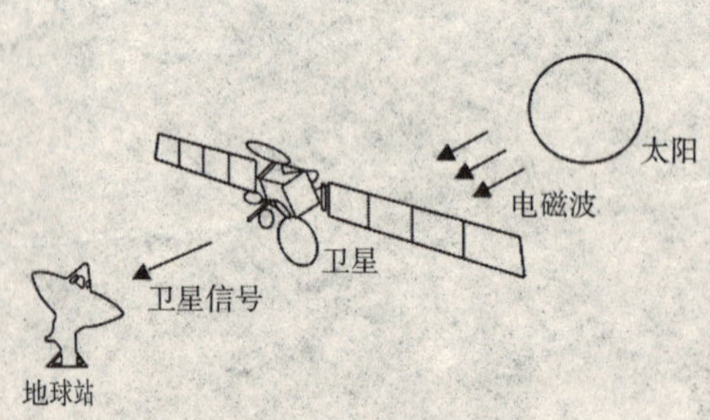

◆每年春分、秋分前后会发生日凌

这是什么原因造成的呢？每年春分和秋分前后，太阳运行到地球赤道上空。由于这时太阳距离地球最近，太阳发出的电磁波对地球的辐射最为强烈，这就是天文学上的“日凌”现象。由于通讯卫星多定点在赤道上空运行，在这期间，如果太阳、通信卫星和地

面卫星接收天线恰巧又在一条直线上，那么电磁波对于人造卫星的影响也就最为强烈，严重的会造成卫星信号传输出现障碍，地球上的卫星接收系统在接收到卫星信号时也接收到大量太阳辐射的杂波，无法识别有用信号，造成信号质量下降甚至中断。

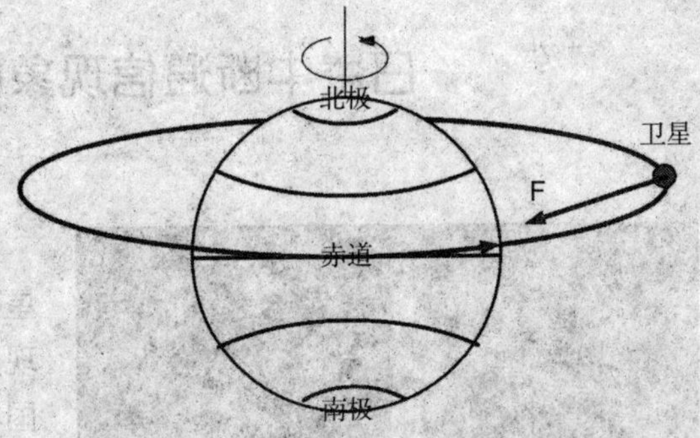

◆通信卫星为地球通信卫星，环绕在地球赤道上空

小知识

地理位置与日凌的关系

纬度影响每年日凌开始和结束的日期。春分时，地球站的纬度越高（北），则日凌开始和结束的日期越早；秋分时，纬度越高，则日凌开始和结束的日期越晚。如果两地经度一样，那么纬度每相差3度左右，则这两地日凌开始和结束的日期就会相差一天。

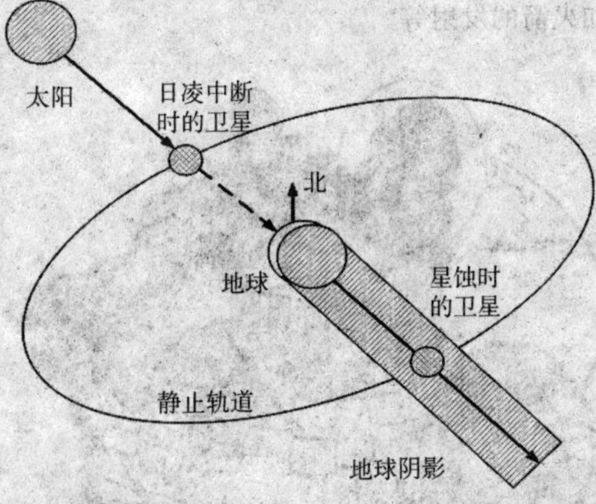

◆当太阳、卫星、地球成一直线时，往往会发生通信的中断

经度影响每天日凌开始和结束的时间。地球站的经度越往西，则每天日凌开始和结束的时间越早；经度越往东，则每天日凌开始和结束的时间越晚。如果两地纬度一样，那么经度每相差2度，则两地日凌开始及结束的时间会相差约1分钟。

日凌中断通信现象能否避免

◆依赖卫星的通信活动要避开“日凌”时间，如火箭的发射等

◆目前在全世界有200颗左右的通信卫星在为我们提供服务，所以人们不需要害怕日凌

人们把日凌中断通信称为卫星通信的“死角”，是一种自然现象，不能避免。目前，世界各国在卫星通信过程中解决“日凌中断通信”的措施：

一是避开。即根据卫星所处的位置，地面站所处的经纬度数，天线的直径，工作时的仰角，方位角等数值，预先计算出地面站出现“日凌中断通信”的具体日期和时间，提前预报，使重要业务通信尽量避开“日凌中断通信”的时间。

二是通过另一颗通信卫星工作。如每年的3月初，“日凌中断通信”现象将在我国部分地区的地面站发生，这期间我国要召开全国“两会”，为了顺利收看电视直播新闻，中央电视台和北京电视台同时直播新闻，当中央电视台使用的亚洲一号卫星临近“日凌”时，北京电视台使用的亚洲二号卫星仍能正常进行直播，使大会盛况和会议精神及时通过另一颗通信卫星传递给千家万户的电视观众。

1. 什么是日凌现象？它对地球的影响有哪些？

2. 日凌发生在每年的什么时候？发生日凌时，地球、卫星、太阳的位置关系是怎样的？

3. 日凌为什么能影响地球上的通信？

4. 人们是怎么解决每年发生的日凌对通信中断现象的？

都是氟利昂惹的祸——臭氧层空洞

中国有个"女娲补天"的美丽传说，美丽善良的女娲历经艰辛填补了天上的窟窿，挽救了人类。时至今日，天空中却真的出现了科学上叫做"臭氧层空洞"的黑窟窿。美丽的女神啊，你现在在何方？人类能逃过这场劫难吗？

破损的"保护伞"

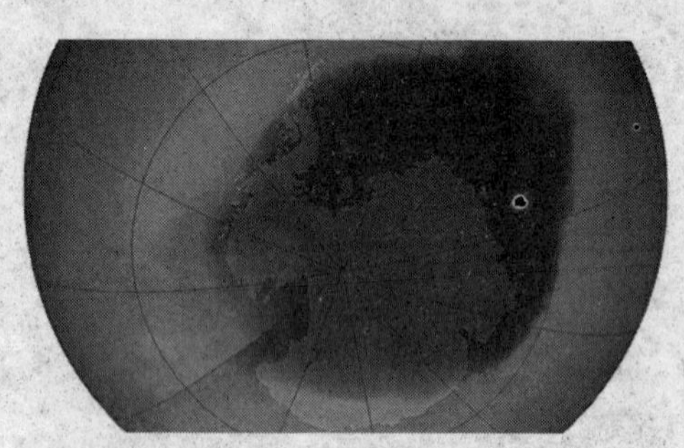
◆美国国家航天航空局绘制的南极上空臭氧层空洞图

臭氧层空洞是大气平流层中臭氧浓度大量减少的空域。臭氧层是大气平流层中臭氧浓度最大处，是地球的一个保护层，太阳紫外线辐射大部分被其吸收。臭氧在大气中从地面到70千米的高空都有分布，其最大浓度在中纬度24千米的高空，向极地缓慢降低，最小浓度在极地17千米的高空。20世纪50年代末到70年代就发现臭氧浓度有减少的趋势。

1985年英国南极考察队在南纬60度地区观测发现臭氧层空洞，引起世界各国极大关注。臭氧层的臭氧浓度减少，使得太阳对地球表面的紫外线辐射量增加，对生态环境产生破坏作用，影响人类和其他生物有机体的正常生存。

1984年9～10月间，南极上空的臭氧层中，臭氧的浓度较20世纪70年代中期降低40%，已不能充分阻挡过量的紫外线，造成这个保护生命的特殊圈层出现"空洞"，威胁着南极海洋中浮游植物的生存。据世界气象组织的报告：1994年发现北极地区上空平流层中的臭氧含量也有减少，在某些月份比60年代减少了25%~30%。而南极上空臭氧层的空洞还在扩大，1998年9月创下了面积最大达到2500万平方千米的历史记录。

◆臭氧层可以保护地球免受来自太阳的紫外线（UV－A长波辐射，UV－B中波辐射）

2000年，南极上空的臭氧空洞面积达到创记录的2800万平方千米，相当于4个澳大利亚。2008年形成的南极臭氧空洞的面积到9月第二个星期就已达2700万平方千米，而2007年的臭氧空洞面积只有2500万平方千米。科学家目前尚不清楚2008年的臭氧空洞面积是否会打破这个记录。

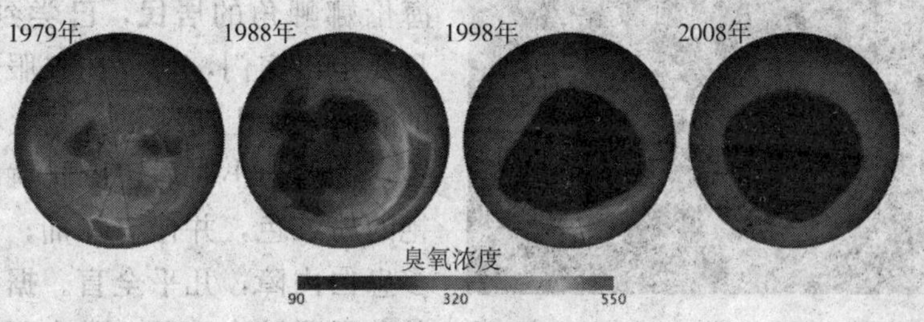

◆南极上空的臭氧空洞面积越来越大

生存危机——保护臭氧层

联合国环境规划署自1976年起陆续召开了各种国际会议，通过了一系列保护臭氧层的决议。1985年，发现了在南极周围臭氧层明显变薄，即所谓的“南极臭氧洞”问题之后，国际上保护臭氧层以及保护人类子孙后代的呼声更加高涨。1995年1月23日，联合国大会通过决议，确定从1995年开始，每年的9月

◆9月16日为“国际保护臭氧层日”

16日为“国际保护臭氧层日”。联合国大会确立“国际保护臭氧层日”的目的是纪念1987年9月16日签署的《关于消耗臭氧层物质的蒙特利尔议定书》，要求所有缔约的国家根据《议定书》及其修正案的目标，采取具体行动纪念这一特殊日子。

臭氧层空洞威胁人类生存

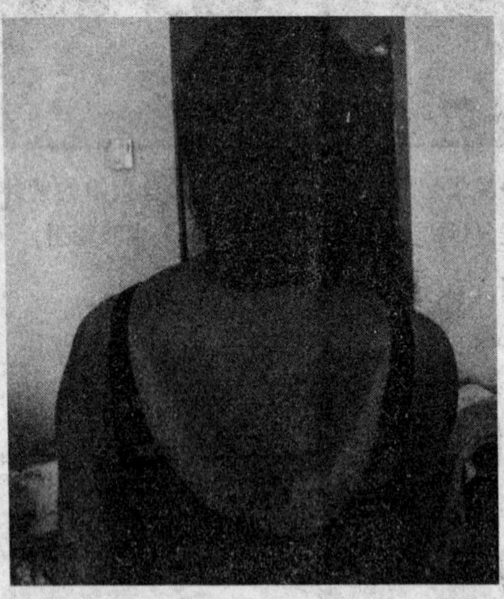

◆缺少了臭氧层的保护，人们的皮肤容易被紫外线灼伤

经科学家研究发现，大气中的臭氧每减少1%。照射到地面的紫外线就增加2%，人类患皮肤癌就增加3%，还容易受到白内障、免疫系统缺陷和发育停滞等疾病的袭击。现在居住在距南极洲较近的智利南端海伦娜岬角的居民，已尝到苦头，只要走出家门，就要在衣服遮不住的肤面，涂上防晒油，戴上太阳眼镜，否则半小时后，皮肤就晒成鲜艳的粉红色，并伴有痒痛；羊群则多患白内障，几乎全盲。据说那里的兔子眼睛全瞎了，猎人可以轻易地拎起兔子耳朵带回家去；河里捕到的鱼也都是盲鱼。推而广之，若臭氧层全部遭到破坏，太阳紫外线就会杀死所有陆地生命，人类也不能幸免，地球将会成为无任何生命的不毛之地。可见，臭氧层空洞已威胁到人类的生存了。臭氧层破坏对植物产生了难以确定的影响。人们对200多个品种的植物进行了增加紫外线照射的实验，其中2/3的植物显示出敏感性。一般说来，紫外线辐射增加会使植物的叶片变小，因而减少俘获阳光的有

紫外线辐射的增加对水生生态系统也有潜在的危险。紫外线的增强还会使城市内的烟雾加剧，使塑料等有机材料加速老化，使油漆褪色等。

效面积，对光合作用产生影响。对大豆的研究初步结果表明，紫外线辐射会使其更易受杂草和病虫害的损害。臭氧层厚度减少 25%，可使大豆减产 20%～25%。

点击——造成臭氧层空洞的罪魁祸首

◆电器使用的氟利昂是造成臭氧层空洞的罪魁祸首之一

臭氧层损耗是臭氧空洞的真正成因，那么，臭氧层是如何耗损的呢？人类活动排入大气中的一些物质进入平流层与那里的臭氧发生化学反应，就会导致臭氧耗损，使臭氧浓度减少。广泛用于冰箱和空调制冷、泡沫塑料发泡、电子器件清洗的氯氟烷烃（又称氟利昂）以及用于特殊场合灭火的溴氟烷烃（又称哈龙）等化学物质都是消耗臭氧层的物质，它们在大气的对流层中是非常稳定的，可以停留很长时间，如氟利昂在对流层中寿命长达 120 年左右。因此，这类物质可以扩散到大气的各个部位，但是到了平流层后，就会在太阳的紫外线辐射下发生光化反应，释放出活性很强的游离氯原子或溴原子。

但是也有科学家提出了造成臭氧层空洞的另外的原因，即动力气象学上的极地纬向环流变化造成输送至南极上空的臭氧减少，形成空洞；还有人认为极地冰晶效应影响下的多相化学反应引起臭氧的减少，出现空洞。

“三极”臭氧层破坏严重

目前臭氧层破坏比较严重的地方在地球的“三极”上，即北极地区、南极地区和青藏高原的上空。而地球上的这“三极”自然条件恶劣，人烟稀少，当地人们向大气中所排放的氯氟烃数量有限，为什么“三极”上空臭氧层所受的破坏反而比较严重呢？

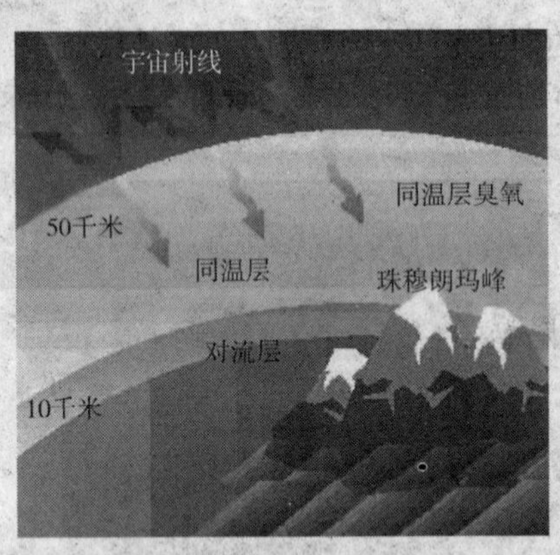

◆地球“三极”地区空气对流运动较弱，臭氧层破坏最为严重

原来包围在地球周围厚厚的大气层，在垂直方向上可以分为五层：对流层、平流层、中间层、热层和外层。臭氧层就位于平流层当中。对流层是高度最低的一层，它和人类的关系最为密切，人类向大气中排放的有害气体首先进入到该层当中。它的高度就是该层空气对流运动所能到达的顶端，因而其高度随纬度和地势高低而变化；赤道地区因所获得的太阳辐射较多，空气对流运动旺盛，因而对流层较高；两极地区因所获得的太阳辐射较少，空气对流运动较弱，对流层较低；南极相对于北极更冷一些，因而其对流层就更低；青藏高原虽然纬度不是很高，但由于它作为“世界屋脊”的较高的地势，使其表面温度降低，空气对流运动不够旺盛，因而对流层也较低。正是由于“三极”地区上空的对流层也较低，相应的平流层的高度也随之降低。人们向对流层大气中排放的氯氟烃会随着大气的环流运动而到达“三极”地区的上空，而“三极”地区的平流层较低，所以氯氟烃能到达平流层中而破坏臭氧层。

科技文件夹

全球臭氧空洞的形势

南极地区臭氧层破坏最为严重，已经出现了臭氧空洞；北极地区臭氧层破坏较南极地区轻一些；青藏高原地区臭氧层破坏较北极地区又轻一些。

生存危机——臭氧层空洞50年后可能消失

为保护臭氧层，国际社会于1985年签署了《保护臭氧层维也纳公约》，并于两年后制定了《关于消耗臭氧层物质的蒙特利尔议定书》，开始在全球范围内限制并逐步淘汰消耗臭氧层的化学物质。由于国际社会采取了切实措施，近年来释

放到空气中的氯氟烃开始减少，大气中这种物质的总含量也于2000年达到顶峰后开始下降，南极上空的臭氧层空洞开始缩小。澳大利亚科学家通过计算得出结论，困扰人们的南极上空臭氧层空洞50年后有可能消失。

◆南极上空的臭氧层空洞

1. 什么是臭氧层？它有哪些作用？
2. 科学家是什么时候发现南极上空的臭氧层出现空洞？
3. 如果地球没有了臭氧层，会对人类生活带来什么样的后果？
4. 地球臭氧层为什么会出现空洞？是由什么物质引起的？

来自太空的“礼物”——陨石

在古代，人们往往把陨石当作圣物。比如，古罗马人把陨石当作神的使者，他们在陨石坠落的地方盖起钟楼来供奉。匈牙利人则把陨石抬进教堂，用链子把它锁起来，以防这个“神的礼物”飞回天上。圣地麦加也有一块陨石，被视为“圣石”。在一些文明古国，还常常用陨石作为皇帝和达官贵人的陪葬。陨石到底是什么呢？这一节里为你一一讲述。

陨石曾砸向地球

人们在观察中发现，在太阳系的行星火星和木星的轨道之间有一条小行星带，它就是陨石的故乡，这些小行星在自己轨道运行，并不断地发生碰撞，有时就会被撞出轨道奔向地球，在进入大气层时，与之摩擦发出光热便是流星。流星进入大气层时，产生了高温、高压与内部不平衡，便发生爆炸，就形成陨石雨。未燃尽者落到地球上，就成了陨石。比如陨落在吉林桦甸方圆250千米的土地上的陨石雨就是这样形成的。其中“1号陨石”落到永吉县桦皮厂附近，遁入地下6米多，升起一片蘑菇云，它产生的振动相当于6.7级地震，附近房中的家具都倾倒了，杯碗都摔碎了。这是多么强大的力量啊！更有甚者，那是在西伯利亚的通古斯地区上空爆炸的陨石，不但把50千米以外居民住宅楼的玻璃震碎，而且使方圆15千米的森林化为灰烬，在爆炸的中心区树林还没来得及燃烧就已炭化，并且呈辐射状向外倒去；在其正下方的几棵“炭树”竟然直立着，原因是当时产生的高压使其

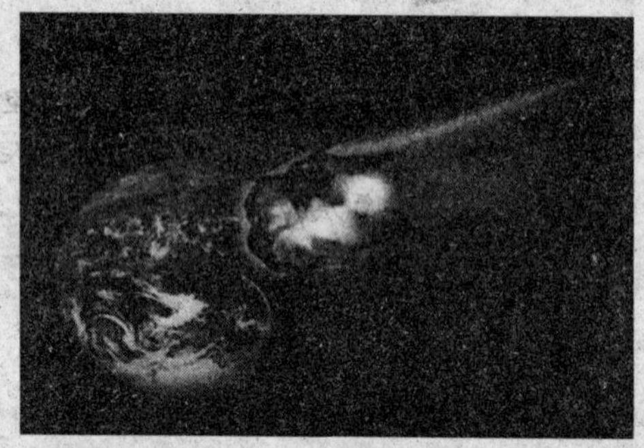
◆陨石来自太空

◆地球大气层能销毁大多数的陨石，也有少部分能落到地球表面

变得坚固。那颗陨石爆炸时，连傍晚的莫斯科也如同白昼，可见，当时的情景是多么可怕。其实，比较起来，这也算不得什么。人们先后在美国亚利桑那州发现了一个深170米、直径1240米的陨石坑；在南极还有直径达300千米的大陨石坑。在大西洋中部竟发现了直径达1000多千米的巨形陨石坑，可以想象出，在它们陨落的一刹那间是怎样可怕的景观啊！

知识库——陨石的成分

陨石是来自地球以外太阳系其他天体的碎片，绝大多数来自位于火星和木星之间的小行星，少数来自月球（40块）和火星（40块）。全世界已收集到4万多块陨石样品，它们大致可分为三大类：石陨石（主要成分是硅酸盐）、铁陨石（铁镍合金）和石铁陨石（铁和硅酸盐混合物）。

广角镜——陨石之最

◆世界最大的铁陨石——戈巴铁陨石

目前世界上保存的最大的铁陨石是非洲纳米比亚的戈巴（Hoba）铁陨石，重约60吨；其次是格林兰的约角1号铁陨石，重约33吨；我国新疆铁陨石，重约28吨，是世界第三大铁陨石。世界上最大的石陨石是吉林陨石，收集的样品总重为2550公斤，吉林1号陨石重1770公斤，是人类已收集的最大的石陨石块体。

地球自然灾害

陨石带来的灾难

科学家认为约于 6600 万年前落入地球的巨大陨星导致了地球上许多动植物的灭绝。这块据估计直径为 10 千米的陨星在白垩纪后期击中了地球，这导致了恐龙的突然灭亡，这些巨大的爬行动物在统治地球长达数百万年后，在接下来的第三纪中让位于小型的哺乳动物。

◆恐龙的灭绝和陨石光顾地球有关

全世界那个年代的黏土中不同寻常地富含铱元素。这种物质在地球上很稀有，但在陨石中含量丰富，所以黏土中的铱被认为是这次巨大的陨星撞击释放出来的。

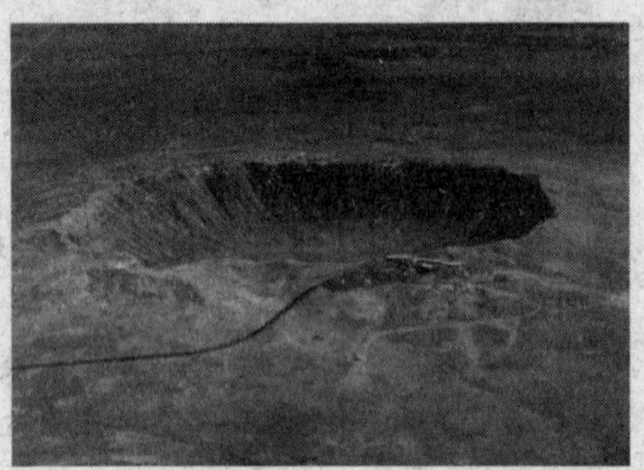

◆世界上公认的最大的陨石坑位于加拿大安大略地区的萨德伯里陨石坑

巨大的陨星能以许多方式导致物种的灭绝。如果它落入海洋，会导致海啸，巨大的潮汐海浪高达 100 米。

撞击同样能把大量的物质抛送入大气层。这会阻拦太阳光，有碍植物的生长，进而影响以植物为生的动物。科学家认为那时有 70%的生物绝种。白垩纪和第三纪交界时期同样发现了大范围的煤灰化石，有强烈冲击特征的矿物颗粒以及熔融岩石的小球体。巨大的陨石可以造出 40 千米深的陨石坑，这个深度足以穿透海洋或大陆的地壳层，导致火山大量喷发。

◆塔吉克斯坦喀拉库尔湖，是在大约 500 万年前的一次陨石撞击中形成的

不论是加拿大的萨德伯里陨石坑，

还是南非的费里德堡陨石坑，有证据表明都曾引起火山喷发。而大规模的火山活动能直接导致许多物种的灭绝。

1. 什么是陨石？它来自哪里？

2. 陨石有多大？它掉落地面会造成怎样的后果？

3. 世界上最大的铁陨石在哪里？

4. 通过课外阅读，你能说说关于陨石的故事吗？你知道恐龙的灭绝和陨石有着怎样的关系？

不可忽视的小虫子——森林病虫害

森林病虫害被称为“无烟的森林火灾”，是林业生态环境保护的大敌，其危害性和毁灭性堪比水灾、火灾。对它的防治是国家减灾工程的重要组成部分，也是林业工作的重要组成部分。

森林也有病虫害

◆松毛虫严重危害松树健康

森林是以乔木和其他木本植物为主体的生物群落。构成这个群落的成分除乔木、灌木外，还包括其他植物、动物、微生物及其居住的环境。森林并非是树木的简单集合，而是有一定结构，各成分之间相互作用、彼此制约，并与外界环境发生密切联系的极其复杂的集合体。在新中国建立初期，国家为了改变当时恶劣的自然环境，投入了大批的财力、物力营造了广袤的人工林。使得祖国的荒山秃岭都披上了绿装，也改善了人们居住的环境。但是，在人们庆幸生存环境改善之余，大面积的人工林也为人们带来了不少的烦恼。因为人工林的特点是几千公顷甚至几万公顷都是纯林，这种单一的纯林为森林病虫害的发生、发展创造了有利的条件，极易造成森林病虫害的大面积发生，使得林木及林副产品减产，甚至绝收，更有甚者森林病虫害会让大片林木死亡，造成大量森林资源的浪费。常发性森林病虫如松毛虫、森林鼠、光肩星天牛、黄斑星天牛等害虫发生面积居高不下，总体呈上升趋势。因此，森林病虫害的防治工作越来越受到高度重视。

科技文件夹

什么是森林病虫害?

森林病虫害是指森林植物在其生长发育过程中或其产品和繁殖材料在储存和运输过程中，遭受其他生物的侵染或不适宜的环境条件影响，生理程序的正常功能受到干扰和破坏，从而导致植物生理上、组织上和形态上产生一系列不正常的状态，生长发育不良，甚至整株死亡，最终引起人类经济损失和其他损失的现象。

小知识

病虫害种类

林木病虫害的类型有：一是侵染型病虫害。这是由真菌、细菌、类菌原体、病毒、寄生性种子植物、藻类、线虫和螨虫等侵染的病虫害，此种病虫害具有传染性。二是非侵染性病虫害。这是由不适于林木正常生长的水分、温度、光照、营养物质、空气污染等因素所引起的病虫害，这种病虫害不具有传染性。三是衰退病。这是指按照特定顺序出现的一系列生物和非生物因素综合作用造成林木长势或生长潜能显著下降，最终导致林木死亡的一种病。森林病虫害的发生必须要有植物和引起植物发病的因素，没有这两个条件森林病虫害就无从发生。病虫害的发生可能是由一个因素或某些因素作用的结果。

◆大面积树木死亡

如何防治森林病虫害

森林虫害的防治起初是通过在林区喷洒化学药剂来达到防治森林虫害效果的。在初始阶段，使用很少量的化学药剂，可以起到很好的防治效果。但是，随着时间的推移，虫类产生了抗药性化学药剂的防治效果明显

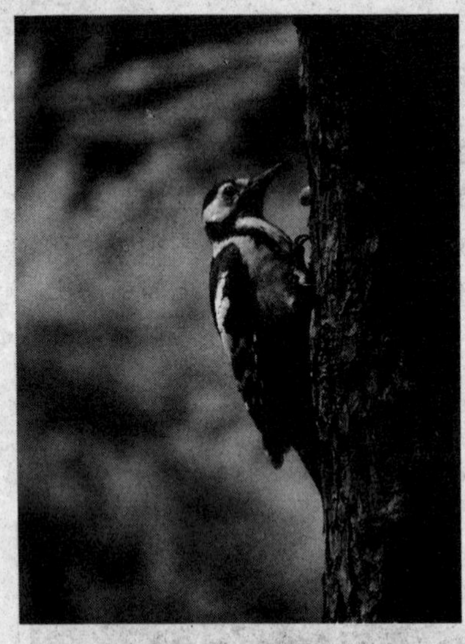
◆保护益鸟可以防治森林病虫害

降低，药剂使用量加大。后期，人们尝试利用物理防治和生物防治的方式来防治森林的虫害。物理防治的方法有热处理、机械阻隔、射线等。生物防治方法是以虫治虫、以菌治虫、以鸟治虫、以激素治虫等。以虫治虫是利用天敌昆虫或有益螨类控制害虫；以菌治虫就是利用害虫的病原微生物防治害虫，能使昆虫致病的病原微生物有细菌、真菌、病毒、立克次氏体、原生动物及线虫等；以鸟治虫就是利用鸟类控制害虫，在全世界已记录的9020类鸟类中60%是以昆虫为主食的。我国有1100种鸟类，其中吃昆虫的占50%，它们绝大多数捕食害虫，对抑制森林害虫的发生起到一定的作用；以激素治虫是使用外激素和内激素防治害虫，外激素是一种由昆虫个体分泌到体外，能够影响其他个体行为、发育和生殖等的挥发性物质。内激素是昆虫分泌在体内的一种激素，用来调节昆虫的蜕皮和变态等。

怎样用植物防治森林病虫害

化学农药在防治森林病虫害的过程中起到了重要作用，然而，其造成的环境污染及对农作物危害也是不可估量的。如果适当地采用生物药剂防治，就地取材，便可避免化学污染带来的危害，且防治及时，花钱少，效果好。我国黑龙江省各地有着丰富的防病治虫的土农药植物资源，应充分合理的开发，用以防治森林病虫害，达到治标又治本的目的。常用的植物有：走马芹（独

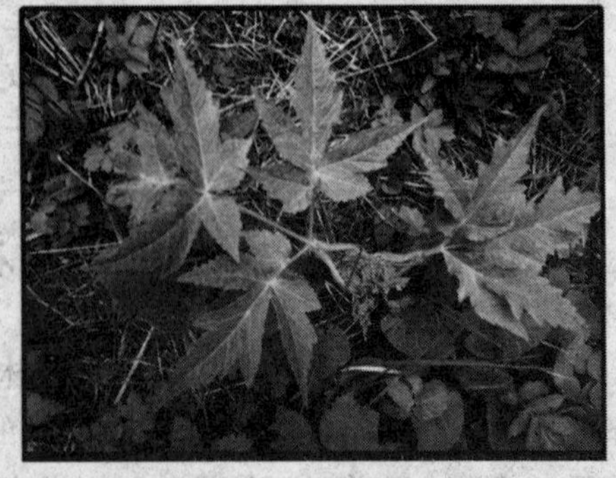
◆独活既是一种中药又可以用来防治病虫害

活)、天南星、白屈菜（土黄莲)、狼毒、白头翁、苦参、藜芦、苍耳、透骨草（蝇毒草）等等。可以将这些植物进行水煮，取它们的水煮液进行喷洒灭虫。

1. 森林病虫害为什么被称为“无烟的森林火灾”?
2. 常见的森林病虫害有哪些?
3. 森林病虫害会给人类带来怎样的灾害?
4. 如何防治森林病虫害？防治森林病虫害有哪些方法?

星星之火可以燎原——森林火灾

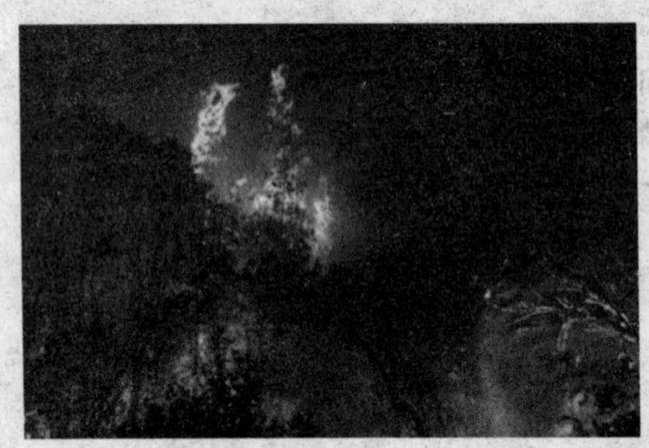

◆可怕的森林火灾

森林火灾，是指失去人为控制，在林地内自由蔓延和扩展，对森林、森林生态系统和人类带来一定危害和损失的林火。森林火灾是一种突发性强、破坏性大、处置救助较为困难的自然灾害。人为原因是最大的一个因素；其次长时间的干燥天气也可能导致地面温度持续升高，森林物质易引起自燃；另外，雷击也会导致森林火灾的发生。

林火是一把双刃剑

◆2009 年 7 月 31 日，西班牙度假胜地拉帕尔马岛遭遇森林大火，造成至少 2000 公顷森林被烧毁，约 4000 人被疏散

森林是大自然的组成部分，哪里有森林，哪里就有生命。在诸多影响森林的自然因素中，火灾对森林的影响和破坏最为严重。研究表明，很多森林生态是依赖火的，火对森林的影响历史远比人对森林影响历史漫长得多。从能量的观点分析，森林生长是太阳能转换的能量积累方式之一，能量积累到一定程度就会释放出来。

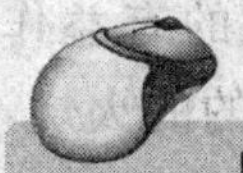

点击——森林火灾是重大灾害

目前世界各国都把大面积的森林火灾作为重大自然灾害加以预防和控制。从灾害的角度讲，森林火灾是由人为和自然因素引起的、失去控制的一种自然灾害。

火对森林的影响具有两重属性，包括有害作用和有益作用。有害作用一般是指森林火灾对生态系统的危害。森林火灾破坏森林生态系统平衡，火烧后森林生态系统难以恢复，如高强度、大面积的森林火灾，对森林资源和整个森林生态系统可以造成毁灭性的损失，更严重的会对居民财产、交通、大气环境和人们日常生活造成影响，因此，森林大火不仅无情毁灭森林中的各种生物，破坏陆地生态系统，而且其产生的巨大烟尘将严重污染大气环境，直接威胁人类生存条件，扑救森林火灾需耗费大量的人力、物力、财力，给国家和人民生命财产带来巨大损失，扰乱所在地区经济社会发展和人民生产、生活秩序，直接影响社会稳定。

◆黑龙江大兴安岭草甸森林火灾被扑灭后的照片

◆除了传统的方法灭火之外，飞机常用来扑灭森林大火

有益火烧可以促进森林生态系统的健康发展，如低强度火烧和营林用火等。有益火烧使森林生态系统的能量缓慢释放，促进森林生态系统营养物质转化和物种更新，有益于森林生态系统的健康，火烧后森林容易恢

◆2009年8月21日，希腊首都雅典北部山林发生特大森林火灾。这是从卫星上拍到的照片，可以看到浓浓的白烟

复。人们常常利用火的有益作用开展有计划、有目的的火烧，火成为人类经营森林的一种工具。例如，有计划地烧除减少林地可燃物和控制病虫、鼠害，促进森林天然更新；进行炼山造林或利用火烧进行森林抚育，也可以利用火烧促进灌木生长，改善野生动物栖息环境。对于林火的两重属性目前还停留在研究阶段，国内外还存在很多争论。值得一提的是大火都是由小火酿成的，所以世界各国都把初发小火的扑救作为森林防火的关键，对于火有益方面的结论和看法大多局限于火灾后的调查研究。

广角镜——新型森林火灾探测系统

◆安装在林区的控制塔上的森林火灾探测系统

葡萄牙工程师设计出名为“F3”的森林火灾探测系统，能够准确地探测到火灾，并在5分钟内向消防和其他相关应急部门传送准确的信息。探测到烟雾以后，F3就会对大气进行化学分析，然后向控制中心或救援车发出警报，并将发生地点、规模和可行的接近方式等具体数据发送出去。F3的研制成功能够缩短专业救援队伍进入火场的时间，还能准确地找到火灾地点，这对及时扑灭大火具有重要意义。F3由一个传感器、一个处理系统和一个通信系统组成，安装在林区的控制塔上。传感器负责对大气进行化学分析，能够分辨不同类型的烟雾，并向控制塔

发送警报，再由控制塔将信息传给附近的消防部门。F3 可以独立工作，也可以与其他防火控制塔之间组成网络，所提供的资料也可以在互联网上传送。

森林灭火多面手

一个来自德国的研究小组研发成功了一种甲虫状的概念机器人，它的用途是及时发现森林火灾，在最短的时间内通知消防人员采取必要措施，这样能够最大限度地控制火灾带来的灾害。同时它还具有一定的灭火功能，遇到火灾刚刚燃起，它能够及时扑救，控制火情。

◆森林火灾预警机器人“甲壳虫”

这种机器人的爬行时速达到 12 米，可以利用红外感应和“生物感应器”预测火灾，然后采取必要的灭火措施。当火势太大无法处理时，为了避免自己受伤害它会像真的甲虫一样蜷成一团，因为它外表覆盖了一层陶瓷纤维，所以可以抵抗 1300℃的高温。这种机器人早日投放市场，就能有效地减少全世界的森林火灾发生率。

很难想象“迫击炮”、“手雷”也能成为扑救山火的主攻武器。在森林灭火中，科学家发明了许多“武器”，这种炮外形像迫击炮，使用气压将炮弹打出，弹体内都是灭火粉。这种“武器”对付那种难以靠近的山火非常有效。“手雷”里面也是灭火粉，是用来近距离扑救山火的。

1. 森林火灾的危害是什么？它对人类有哪些害处？

2. 森林火灾在给人类带来灾难的同时，又有利于人类的生存活动，它带给人类的有利一面是什么呢？

3. 发生森林火灾时该怎么办？如何预防森林火灾？

4. 为了防治森林火灾，人们发明了哪些仪器和先进设备？

惨不忍睹

——令人刻骨铭心的自然灾害

电影《2012》影响巨大，而在影片上映后，世界范围内又接连出现重大自然灾害，一时间坊间传说纷纷，2012 年是否真的会爆发如影片中呈现的那样的灾难？太阳风暴又会对世界带来怎样的影响？当然这只是电影的虚构，2012 年不会是世界的末日。

其实，地球上的各种自然灾害一直没有停止发生，从唐山大地震到印度尼西亚海啸，从三年自然灾害到印度鼠疫大流行，人类经受住了一次又一次的考验。

虽然我们大可不必对世界末日的恐惧，但是《2012》确有其警示意义，人类在发展经济社会的同时应提高减灾意识。

历史凝固在 1976 年——唐山大地震

地震科学家指出，唐山 7.8 级地震释放的地震波能量，约等于 400 颗广岛原子弹的总和。而地震波的能量仅为地震的全部能量的百分之几！

惊慌失措的 23 秒

“人像搁在一个大筛子上一样，被没完没了地筛着！‘哗啦啦——’公园的墙倒了。紧接着，对面一幢大楼也倒了，眨眼的工夫！只听砖头瓦块哗哗地响，漫天尘土，乌烟瘴气。‘可坏了！’我说，‘快回去抠人要紧！’我家离得不远，就在铁路边上。可我跑到了那里就傻眼了，怎么也找不着家——我们家周围那整个一片房子都平了！”这是经历过唐山地震的人的描述，从中我们可以看出人类在巨大的自然灾害面前是多么的无助，多么的恐惧。

◆唐山大地震后工厂破坏了

人类将永远铭记历史的这一个时刻：1976 年 7 月 28 日，北京时间凌晨 3 时 42 分。

仅仅在一秒钟以前，地球的表面似乎还是平静的。在中国河北省唐山市，一切都和往日一样，夜阑人静，大街上几乎看不见行人；开滦矿务局唐山煤矿的高高的井架上，天轮还在以惯常的速度旋转；新落成的开滦医院七层大楼，透出几缕宁静而柔和的灯光。整座城市在安宁地熟睡。

追忆历史

唐山地震死亡人数

在1976年7月28日发生的唐山大地震中，共死亡24.2万多人，重伤16.4万多人。这两个数字是唐山、天津、北京地区在那次地震中死伤人数的累计。唐山地震的震级为7.8级，震中烈度为11度。地震发生的地点是人口密集的工业区，发生的时间是3时42分56秒，正当人们沉睡的时候。地震部门事先未能发出预报。由于这些原因，它所造成的损失是很严重的。

◆地震造成的地裂缝

◆被扭曲的铁轨

谁也不曾想到，若干年来，唐山市脚下的地壳正在发生着可怕的变动。唐山和唐山以西地区，上地幔和下地壳的岩浆和热物质向上地壳加速迁移，引起垂直作用力。地壳运动产生的强大地应力长期集中造成的巨大弹性应变能，正在岩石中积聚着、贮蕴着，岩石痛苦地支撑着自己，直至岩石强度被突破的那个灾难性时刻。7月28日凌晨3时42分，唐山市地下的岩石突然崩溃了！断裂了！凌晨3时42分，如有400颗广岛原子弹在距地面16千米处的地壳中猛然爆炸！唐山上空电光闪闪，惊雷震荡；大地上狂风呼啸。强烈的摇撼中，这座百万人口的城市在顷刻间被夷为平地。

整个华北大地在剧烈震颤。天津市发出一片房倒屋塌的巨响。正在该市访问的澳大利亚总理惠特拉姆被惊醒了，他所居住的宾馆已出现了可怕的裂缝。北京市摇晃不止。

人民英雄纪念碑在颤动，砖木结构的天安门城楼上，粗大的梁柱发出仿佛就要断裂的“嘎嘎”响声。在华夏大地，北至哈尔滨市，南至安徽蚌埠、江苏靖江一线，西至内蒙古磴口、宁夏吴忠一线，东至渤海湾岛屿和东北国境线，这一广大地区的人们都感到了异乎寻常的摇撼。而强大的地震波早已以人们感觉不到的速度和方式传遍整个地球。

◆坍塌的开滦矿务局医院

美国阿拉斯加帕默天文台骤然响起扣人心弦的警钟声。按规定住在离天文台只有 5 分钟路程范围内的 4 名地震学家和 2 名技术人员，急急忙忙地赶来观察仪器。他们发现在警钟敲响的时候，阿拉斯加州上下跳动了大约八分之一英寸。阿拉斯加州的居民们纷纷打来电话询问：发生了什么事情？地震？中国大地震？美国是否也会有大震?!

唐山地震前的预兆

似乎是一场无法预料、无法阻止的浩劫。可是，大自然又确实警告过。如果，在当时有一位能够纵览方圆数百里、通观天上地下种种自然景物的巨人，那么，对于地震前夕出现的不可思议，甚或是带有魔幻色彩的自然界的变异现象，他一定会感到震惊。正是这些大自然的警告，使得那些于灾难发生之后重新搜集起它们的地震学者们毛骨悚然并陷入深思。只是，这一切都太晚了。

在地震前几天，居民家里的鱼缸中的金鱼争着跳离水面，跃出缸外。

◆地震前一些动物常常会出现异常行为

养鱼场里的草鱼成群跳跃，有的跳离水面 30 多厘米高。更有奇者，有的鱼尾朝上头朝下，倒立水面，竟似陀螺一般飞快地打转。有一位在海上的船员用一根钓丝，拴上四只鱼钩，竟然同时钓起四条鱼。鱼儿好像在争先恐后地咬鱼钩。

万花筒

敏感的感觉系统

很多动物拥有比人类敏感得多的感觉系统。蝰蛇可以感知红外线；大象和鲸可以感知次声波；狗不但嗅觉灵敏，更可以听见超声波……很多动物，尤其是穴居动物对震动十分灵敏，所以即使你蹑手蹑脚，老鼠也总是能轻易感觉到你的接近而逃之夭夭。震前很多动物的异常行为都是因此而发生的。

飞虫、鸟类和蝙蝠等动物也像失去“理智”似的。居民家中屋檐下的老燕像发了疯，每天要将一只小燕从巢里抛出，主人将小燕捡起送回，随即又被老燕扔出来。棉花地里成群的老鼠在仓皇奔窜，大老鼠带着小老鼠跑，小老鼠则互相咬着尾巴，连成一串。有人感到好奇，追打着，好心人劝阻说：别打啦，怕要发水，耗子怕灌了洞。100 多只黄鼠狼，大的背着小的或是叼着小的，挤挤挨挨地钻出一个古墙洞，向村内大转移。天黑时分，有 10 多只在一棵核桃树下乱转，当场被打死 5 只，其余的则不停地哀嚎，有面临死期时的恐慌感。敏感的飞虫、鸟类及大大小小的动物，比人类早早地迈开了逃难的第一步。然而人类却没有意识到这就是来自大自然的警告。他们万万没有想到，一场毁灭生灵的巨大灾难已经迫近了。

历 史 回 顾

唐山地震造成的损失

◆唐山地震后桥梁垮塌，交通中断

1976 年 7 月 28 日，北京时间 3 时 42 分 56 秒之后的 23 秒，对于亲身经历那 23 秒并幸存下来的唐山人，这个 23 秒更是深深烙在他们记忆中无法消褪的痛苦与难以言表的恐怖。23 秒内，地处华北的唐山发生了震级为里氏 7.8 级的大地震；23 秒内，24.2 万多人死亡，16.4 万多人重伤；23 秒内，7200 多个家庭全家震亡，上万家庭解体，4204 人成为孤儿；23 秒内，97%的地面建筑、55%的生产设备毁坏；23 秒内，交通、供水、供电、通信全部中断；23 秒内，直接经济损失人民币 30 亿元；23 秒内，一座拥有百万人口的工业城市被夷为平地……30 多年过去了，与 30 年相比，23 秒显得多么微不足道，但就那么短短 23 秒，让 30 多年后的人们回首往昔时仍唏嘘不已，情何以堪。

动物“地震先知”不很准确

◆地震前也有人观察到了鱼纷纷上浮、翻白，极易捕捉的情况

在地震发生前数星期或数个月，有些动物会出现一些怪异现象。如：信鸽迷失方向、猪互相厮咬、耕牛掀翻牛棚、老鼠白天在马路上乱窜、狗整天吠叫等等。它们是怎样觉察到地震将要发生的呢？

专家指出，一些动物的听觉大大优于人类的听觉。如，人耳

只能听见音频为每秒钟1000次至4000次的声波，而猫、狗和狐狸却能听到音频每秒钟高于6万次的声音，至于老鼠、蝙蝠、鲸和海豚，可以发射和接收音频每秒钟超过10万次的超声波。除了超声波，动物们还能传感音频每秒钟只有100次或不到100次的次声波，次声波不仅我们的耳朵听不出来，就是地震仪器也极少可能把它测定出来。因此，它们能遥感得出数百千米之外雷电和洋底海啸的声波。

趣谈笑说

地震谚语

震前动物有前兆，地震宣传很重要。
牛羊骡马不进圈，猪乱拱来狗乱咬。
鸭不下水鸡上树，兔子竖耳蹦又跳。
冬天雪地蛇出洞，大鼠叼着小鼠跑。
鱼跃水面蜜蜂闹，鸽子惊飞不归巢。

鱼类对于微弱的震动也具有高度的敏感性，它们的胸腹两侧都长满侧腺，这是一种特殊的传感系统；爬行动物蛇能觉察地震，是因为它们能够嗅出地震前，地下所释放出来的碳氢化合物的气息；狗之能以吠叫预报地震，是能听见地震开始时所发射出来的超声波。

尽管如此，专家指出用动物来预测地震前兆并不是非常准确和科学的，因此早在20世纪90年代初地震台已基本上不用动物来预测地震前兆。

地震时如何自救

破坏性地震从人感觉震动到建筑物被破坏平均只有12秒钟，在这短短的时间内你千万不要惊慌，应根据所处环境迅速作出保障安全的抉择。如果住的是平房，那么你可以迅速跑到门外。如果住的是楼房，千万不要跳楼，应立即切断电源，关掉煤气，暂避到洗手间等跨度小的地方，或是桌子、床铺等下面，震后迅速撤离，以防强余震。

人多先找藏身处——学校、商店、影剧院等人群聚集的场所如遇到地震，最忌慌乱，应立即躲在课桌、椅子或坚固物品下面，待地震过后再有序地撤离。教师等现场工作人员必须冷静地指挥人们就地避震，绝不可带头乱跑。

◆许多学校都开展地震自救的演习

远离危险区——如在街道上遇到地震，应用手护住头部，迅速远离楼房，到街心一带。如在郊外遇到地震，要注意远离山崖、陡坡、河岸及高压线等地。正在行驶的汽车和火车要立即停车。

被埋要保存体力——如果震后不幸被废墟埋压，要尽量保持冷静，设法自救。无法脱险时，要保存体力，尽力寻找水和食物，创造生存条件，耐心等待救援。

震后如何营救

地震后营救工作的有效开展，无疑对降低地震伤亡人数有重要作用。已经脱险的人和专门的抢险营救人员对被埋压在废墟中的人进行营救时，如果了解一些营救常识，将大大提高营救工作的有效性。

震后营救工作应遵循以下原则：先救被埋压人员多的地方，也就是“先多后少”；先救近处被埋压人员，也就是“先近后远”；先救容易救出的人员，也就是“先易后难”；先救轻伤和强壮人员，以扩大营救队伍，也就是“先轻后重”；如果有医务人员被埋压，应优先营救，增加抢救力量。

营救时应注意听被困人员的呼喊、呻吟、敲击声；要根据房屋结构，先确定被困人员的位置，再进行抢救，以防止意外伤亡。通过了解、搜寻，确定废墟中有人员被埋压后，判断其被埋压位置，通过向废墟中喊话或敲击等方法传递营救信号。

营救行动应该有计划、有步骤地展开。在进行营救行动之前，哪里该挖，哪里不该挖；哪里该用锄头，哪里该用棍棒，都要有所考虑。盲目行动，往往会给营救对象造成新的伤害。对于被埋压在废墟中时间较长但又一时难以救出的幸存者，应设法向他们输送饮用水、食品和药品，以维持其生命。

1. 唐山地震发生在哪一年？它的震级有几级？

2. 唐山地震中共有多少人遇难？

3. 唐山地震中，地震震感能传播多远？最远在什么地方也能感觉到地震？

4. 地震该如何预测？如果遭遇地震，该如何自救？

众志成城——汶川抗震救灾

2008年5月12日14时28分04秒，8级强震猝然袭来，大地颤抖，山河移位，满目疮痍，生离死别……这是新中国成立以来破坏性最强、波及范围最大的一次地震——汶川大地震。无数个鲜活的生命瞬间撒手人寰……地震的余波还未散尽，神州大地已响起了救援的集结号，来自五湖四海的军民汇成了千军万马，他们与时间赛跑、与灾难搏斗，在废墟中，用一双双温暖的手，筑起“大难兴邦”的不倒长城。

2008年5月12日

◆震中所在地

汶川大地震发生于北京时间2008年5月12日14时28分04.1秒（协调世界时5月12日06时28分04.1秒），震中位于中国四川省阿坝藏族羌族自治州汶川县境内、四川省省会成都市西北偏西方向90千米处。根据中国地震局的数据，此次地震的面波震级达8.0Ms、矩震级达8.3Mw，破坏地区超过10万平方千米。地震烈度可能达到11度。地震波及大半个中国及多个亚洲国家。北至北京，东至上海，南至中国香港、泰国、中国台湾、越南，西至巴基斯坦均有震感。

四川汶川特大地震是新中国成立以来破坏性最强、波及范围最广、救灾难度最大的一次地震，灾区总面积约50万平方千米、受灾群众4625万多人，其中极重灾区、重灾区面积13万平方千米，造成69227名同胞遇难、17923名同胞失踪，需要紧急转移安置受灾群众1510万人，房屋大量

◆满目疮痍的灾后汶川

倒塌损坏，基础设施大面积损毁，工农业生产遭受重大损失，生态环境遭到严重破坏，直接经济损失 8451 亿多元，引发的崩塌、滑坡、泥石流、堰塞湖等次生灾害举世罕见。

链接——全国防灾减灾日

◆防灾减灾日

经国务院批准，自 2009 年起，每年 5 月 12 日为全国防灾减灾日。中国是世界上自然灾害最为严重的国家之一，灾害种类多、分布地域广、发生频率高、造成损失重。在全球气候变化和中国经济社会快速发展的背景下，中国面临的自然灾害形势严峻复杂、灾害风险进一步加剧、灾害损失日趋严重。国家减灾委办公室有关负责人表示，"防灾减灾日"的设立，有利于唤起社会各界对防灾减灾工作的高度关注，有利于全社会防灾减灾意识的普遍增强，有利于推动全民防灾减灾知识和避灾自救技能的普及推广，有利于各级综合减灾能力的普遍提高，最大限度地减轻自然灾害造成的损失。

汶川大地震成因透析

一是印度板块向亚洲板块俯冲，造成青藏高原快速隆升。高原物质向东缓慢流动，在高原东缘沿龙门山构造带向东挤压，遇到四川盆地之下刚性地块的顽强阻挡，造成构造应力能量的长期积累，最终在龙门山北川—映秀地区突然释放。

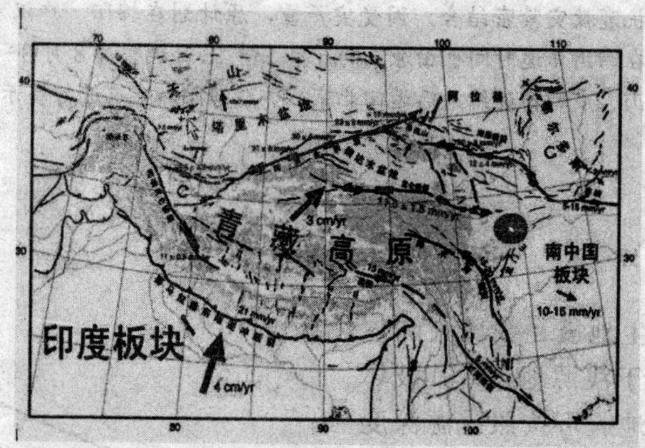

◆汶川地震是印度板块惹的祸

二是逆冲、右旋、挤压型断层地震。发震构造是龙门山构造带中央断裂带，在挤压应力作用下，由南西向北东逆冲运动；这次地震属于单向破裂地震，由南西向北东迁移，致使余震向北东方向扩张；挤压型逆冲断层地震在主震之后，应力传播和释放过程比较缓慢，可能导致余震强度较大，持续时间较长。

三是浅源地震。汶川地震不属于深板块边界的效应，发生在地壳脆—韧性转换带，震源深度为 10 千米～20 千米，因此破坏性巨大。

由于震中位于海拔较高的地方，而且震源距地面非常近，加上中国中部地区岩层较为坚硬，使地震冲击波传递很远，因而有明显震感的地区很广。亦有分析指出远距离强震传来较长的振动周期，比较容易与高层建筑物的自振周期接近从而形成共振。同时，由于建筑物的高度进一步放大了摇动幅度，导致远离震中 1000 多千米以外地区的高层的人员依然能够明显感受到地震，而地面及低层的人员几乎感受不到振动。

点击——奥运爱心大接力

汶川大地震发生时，正值北京奥运会圣火在中国境内传递，为了向汶川大地震中遇难同胞表示深切哀悼，北京奥运会火炬接力活动5月19～21日暂停了3天，此后的火炬传递活动缩减规模，简化程序，传递前默哀，传递路线上设立募捐箱等，将火炬传递与抗震救灾紧密结合。因受灾严重，原计划在绵阳、广汉和都江堰的火炬传递取消，在四川传递时间也由原来的6月15～18日调整为8月3～5日，火炬在四川广安、乐山、成都传递结束后返回北京，并在绵阳和广汉进行展示。

浅源地震破坏更大

汶川发生地震是我国大陆内部地震，属于浅源地震，其破坏力度较大。地震可按照震源深度分为浅源地震、中源地震和深源地震。浅源地震大多发生在地表以下30千米深度以上的范围内，而深源地震最深的可以达到650千米左右。其中，浅源地震的发震频率高，占地震总数的70%以上，所释放的地震能占总释放能量的85%，是地震灾害的主要制造者，对人类影响最大。

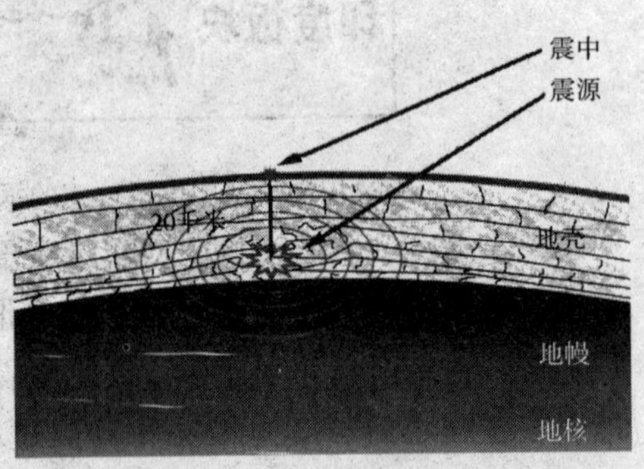

◆汶川地震为浅源地震

◆汶川地处山区，地震造成了山体滑坡以及泥石流

全球7级以上地震每年18次，8级以上1～2次。我国受印度板块和太平洋板块推挤，地震活动比较频繁。从大的方面来说，汶川地震处于我国一个大地震带——南北地震带上，中部地区的中轴地震带位于东经100度到105度之间，涉及地区包括从宁夏经甘肃东部、四川西部，直至云南，属于我国的地震密集带。从小的方面说，汶川又在四川的龙门山地震带上。因此，这里

发生地震的几率较高。

在地震学中，一般发生的震级越高，其破坏力度越大。这次汶川地震8级，其震中地区的破坏力度在11度左右，会造成房倒屋塌、地质滑坡和地面裂缝等灾害。由于一般地震不可能一次释放所有能量，因此四川周边地区有可能发生余震。一般情况下，余震要比主震低1级以上，一般不会超过主震，但有可能在附近地区造成新的灾害，要防备余震造成的灾害影响。因此，地震时需要提防山区发生滚石、滑坡、交通堵塞、地面破坏等次生灾害，避免引发更大的灾害。

小知识

地球分为几大板块，它们彼此进行着相对运动。在很多沿海地区，海洋板块俯冲到陆地板块下，就会导致地震，其中位于板块边界的地区首当其冲，智利的情况便是如此，该国所处地区板块的活动十分活跃。两大板块的构造和运动导致这里大约每10年就会发生一次里氏8级以上的地震。

轶闻趣事——神秘旋涡顷刻带走满塘碧水

2009年5月5日，恩施市白果乡下村坝村的观音塘，约8万立方米蓄水突然消失。下村坝村距恩施市区约19千米，目击者在现场看到，池塘呈圆形，口面直径约百米，深数十米。池塘已水干见底，塘底留下黑色淤泥。

◆池塘已水干见底，塘底留下黑色淤泥

村民们说，平时池塘水面与地面平齐，常年不干，水色碧绿，蓄水量约8万立方米。4月26日早上7时许，平静的水面突然出现旋涡，并伴有轰鸣声，不到5小时，一池碧水全部消失，现出黑色淤泥。一陈姓村民只身下塘，捉得两条10多公斤重的大鱼，但塘中并未见大量鱼。据《白果乡志》记载，这种现象自全国解放以来出现过3次，时间分别是在1949年、1976年和1989年。

汶川大地震的严重破坏

通信全部中断

四川、重庆、湖北等地的通信全部被中断。据不完全统计，中国移动四川公司有3个交换机发生拥塞，2300多个基站因断电、传输中断等原因退出服务。因通信联络急剧增多，四川当地长途话务量已上升到日常的10倍以上，手机接通率下降到日常平均值的一半左右。而中国联通方面，四川阿坝地区网络约200个基站瘫痪；成都市通信网络基本正常，但由于网络繁忙，语音是平时的7倍，短信是平时的2倍，造成拥塞，短信通信迟缓；但亦有专家推测是因为地震产生的离子波干扰通信所致。

◆地震后遍地是尸体，给防疫工作提出了挑战

◆地震后，通信部门专门派遣流动通信车到达灾区

◆地震中桥梁倒塌，造成交通中断

交通严重瘫痪

抢修道路，确保物资送达航空方面，5月12日，成都双流国际机场在

地震发生后随即关闭，当日所有前往成都的航班被取消，受到影响的航班全部被转往重庆江北机场。21 时 45 分，双流机场恢复单向开放。13 日 0 时 23 分，双流机场恢复双向开放。

铁路方面，宝成铁路、成昆铁路及相关支线线路多处塌方。其中宝成线徽县至虞关段 109 号隧道山体塌方最为严重，导致 21043 次货物列车在隧道内脱线，包括 12 节油罐车在内的货车起火燃烧。

点击——对国宝熊猫的紧急救援

◆地震后的熊猫宝宝

至 5 月 13 日晚，地震涉及到的中国（卧龙）保护大熊猫研究中心、成都大熊猫繁育研究基地、陕西省珍稀野生动物抢救饲养研究中心中国三大大熊猫饲养繁育基地共 144 只大熊猫均无伤亡。但四川、陕西、甘肃三省野生大熊猫栖息地受到不同程度影响，1590 多只野生大熊猫状况有待观察。至 14 日 11 时，武警救援队在汶川县卧龙自然保护区搜救出 40 只受困的大熊猫。截至到 5 月 24 日，卧龙自然保护区仍有 3 只大熊猫失踪，工作人员正在继续寻找。至 5 月 27 日，“茜茜”被找回，失踪的熊猫只剩 1 只。6 月 9 日，最后 1 只名为“毛毛”的大熊猫也被寻回；非常可惜，已经死亡。

严重的污染

◆在汶川地震中受创严重的化工厂

火灾、毒气泄漏和水污染都是四川汶川大地震后可能发生的环境问题。

紧急的水利建设

5 月 16 日四川岷江上游 9 座水坝，因大地震受到不同程度破坏，该区最大水库——紫坪铺水库，已出现

◆紫坪铺大坝坝顶被震裂

裂缝和局部沉陷，邻近山区不断下泄大量土石流，危及水库安全。紫坪铺水库距都江堰 9 千米，距成都市 60 千米。中国水利部初步统计，大地震造成四川和重庆等地约 391 座水库出现险情，其中，大型水库 2 座，中型水库 28 座，小型水库 321 座。这 300 多座水库中，有 129 座在重庆境内。从地震位置来看，其中 1 座应是紫坪铺水库。5 月 14 日中午，一度传出紫坪铺水库非常危险，中国水利部紧急启动“保坝方案”，当地有关部门调派 2000 名官兵火速前往，打通水库排洪通道，降低蓄水水位，确保都江堰安全，缓解水库溃决的危险。

广角镜——岌岌可危的古迹保护

◆四川江油青莲镇李白故里的陇西院垮塌严重

四川省 65 处（超过一半）国家重点文物保护单位受到破坏，近 120 个省级文物保护地方受损毁。其中建于明末的四川阆中白塔在地震中被拦腰截断，12 层的阆中白塔被震垮 6 层；汶川县雁门乡有 4000 多年历史的古迹遗址“萝卜寨”，在地震中被夷为平地。

其他完全倒塌的古迹包括都江堰市二王庙古建筑群、彭州领报修院、江油市李白故里等，绵竹剑南春“天益老号”酒坊遗址古建筑、理县桃枰羌寨、江油市杜甫草堂、安县文星塔、青山市普照寺等则局部倒塌或受到严重破坏。

少数民族文化受创

汶川大地震使四川各地的少数民族文物和文化遗产遭到了不同程度的

◆羌族碉楼在地震中倒塌

破坏，其中北川等地的少数民族聚居区受灾情况严重。文化遗产在地震灾区当地特别密集，仅成都、绵阳、阿坝、德阳四个地区的 39 个县、市，就有 1 处世界文化遗产、49 处全国重点文物保护单位；还有大量藏羌碉楼，已被列入申报世界文化遗产的预备名单。各级文物保护单位共 958 处，而这些都在地震时遭到一定损害。在地震中，北川羌族自治县内的羌族人死亡与失踪人口达 1.9 万多人，占总人口的 20%，97%以上的羌族民居倒塌。而羌族许多富有特色的少数物质文化，如羌族碉楼、羌族村寨、羌族民族刺绣等，也都遭到一定流失。

小知识

羌族的碉楼

碉楼是羌族人用来御敌、储存粮食柴草的建筑，一般多建于村寨住房旁。碉楼的高度在 10～30 米之间，形状有四角、六角、八角几种形式，有的高达十三四层。石墙内侧与地面垂直，外侧由下而上向内稍倾斜。

“另类”功臣——搜救犬

◆青岛消防支队搜救犬中队四只搜救犬整装待发前往汶川

和全国各地一起同赴四川汶川地震灾区的不仅有军队、消防人员、志愿者和各类救灾人员，还有一只只肩负重任和灾区人们希望的搜救犬。没有任何新闻报道它们到底发现了多少瓦砾中掩埋的人员，为拯救赢得了宝贵的时间。它们不辱使命，不仅为被掩埋者带来了生命的机会，也为它们

◆工作中的搜救犬

的同类赢得了尊严。

搜救犬在这次汶川大地震中立了大功。在映秀镇，搜救犬准确找到了10处幸存者。搜救犬接受过专业训练，能通过嗅觉辨别被困者发出的汗味和分泌物的气味，找出被困者的位置。一般可以精确到2～3平方米大小的方位。而且它基本能辨别是活体还是已遇难。

但搜救犬也有它的缺点，首先它在辨认活体与尸体存在误差，尤其是刚去世的被困者。另外，搜救犬和人一样也会疲劳，不能持续长时间的工作。搜救犬刚到映秀的时候，每条都生龙活虎，非常兴奋，特别希望快点去搜救并且很快就能找到被困者，但经过一两天的搜救后，它们就疲劳不堪、无精打采了，有的甚至是搜救员把它们抱回来的。

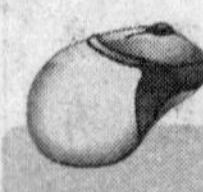

点击——搜救犬

训练一只达到国际认证的搜救犬，一般需要3年左右，所以现在国内地震灾害搜救犬非常少，获得联合国相关组织认证的仅12只，很多地方机构还没配备。

想一想议一议

汶川地震和唐山大地震比较

震级：唐山地震国际上公认的是7.6级，汶川地震是8.0级。

地缘机制断层错动：唐山地震是拉张性的，是上盘往下掉。汶川地震是上盘往上升，要比唐山地震影响大。

受灾面积：汶川地震波及的面积、造成的受灾面积比唐山地震大。

科技“武器”显身手

这次汶川大地震救援过程中，用得较多的就是借助电磁波、光学、声学原理的雷达生命探测仪、视频生命探测仪和音频生命探测仪。

雷达生命探测仪被搜救人员形象地称为“废墟上的体温计”。它是借助电磁波的原理，监测到与人体类似的温度时，就会把这一区域圈定起来，表明可能存在生命迹象。音频生命探测仪和视频生命探测仪被搜救人员形象地称为“废墟上的听诊器”和“废墟上的胃镜”，这两者更多的时候是联合效力。

靠三次反复喝自己尿液幸存下来的米东（化名）16 日凌晨 5 时左右被江苏淮安消防特勤人员发现，幸亏有了音频生命探测仪。

5 月 14 日，指挥部发来指示，都江堰新建小学发现了几名小学生正在呼救，他们被一块大大的预制板压住了，只要能把预制板整块搬开，几名小学生就能得救。

救援人员到达现场后，发现预制板根本就不结实，如果用凿大洞或搬开预制板的方法，很可能导致预制板发生断裂而砸死被困的学生。于是在预制板下面凿开了一条 2 厘米左右宽的缝隙，赶紧拿出仅 1 厘米厚的压缩气垫，塞进缝隙，经充气后，压缩气垫逐渐展开，因为预制板均匀受力，并没有发生垮塌，而是缓缓被支撑起来。这时，两名搜救员赶紧钻进去，5 名小学生因为被困在墙角，几乎没有受到伤害，在气垫支撑下，5 名小学生全部成功获救。

科技导航

雷达生命探测仪

雷达生命探测仪适合大面积的生命迹象搜寻，它探测范围直径可达 50 米左右，比如在北川县城搜救接近尾声的时候，搜救人员就用雷达生命探测仪反复监测，因为没有发现生命迹象，即得出该区域基本已无生命迹象的结论。它的不足就是容易受到其他温热物体的干扰，还需要其他设备予以协助确认。

1. 汶川地震发生在什么时候？它的震级是多少？
2. 和唐山地震相比，两者有什么相同点和不同点？
3. 发生汶川地震的成因是什么？
4. 汶川地震是浅源地震还是深源地震？哪一种地震破坏更大？

世界聚焦之地——海地大地震

在一个巨大的灾难面前，整个地球不同种族、不同国家、不同肤色的人们从来没有如此关切地关注着海地这个国家、这个民族、这个饱受灾难的全球最不发达地区……

关注海地，因为我们曾经“震痛”

◆遭遇地震的海地

北京时间2010年1月13日5时53分，海地发生7级强烈地震。地震中大量建筑严重受损，海地首都太子港成为一片废墟，据估计此次地震已经造成数十万人员的死亡。海地位于加勒比海北部，面积约2.78万平方千米，人口892万，该国大部分地区处于环太平洋地震带上，海地一词就是印第安语中“多山之国”的意思。海地大地震发生后，对于国际社会而言，救援海地，就是“和死神赛跑”。在这个特殊平台上，各国救援的表现，不仅是帮助海地人和死神赛跑，也同样有和其他参加援助国家、乃至和自己的救援极限赛跑的意义。而那些处在全球各地的人们，也都不约而同的把目光聚焦在海地大救援的各种新闻报道中，世界各地的人们纷纷伸出援手，共同为那些在海地地震中正遭受苦难的人祈祷。

点击——海地地震中让人心颤的孩子

在以色列援助人员搭建的野战医院中，一名5个月大的婴儿没有自己的名字，只能用数字与其他婴儿区分开。在地震第四天，他从废墟中被救出，甚至没有人知道是谁将这个几乎昏迷的孩子扔在了这个临时医疗中心。如今他的身体状况已经好转，但是医生却为他的未来深表担忧。没有人知道这名男婴的家人在哪里，是否仍然在世。地震发生后，数万儿童成了孤儿，确切的数量难以统计。地震中倒塌的建筑物也包括许多孤儿院。这令很多孩子不但一下子失去了栖身之所，也得不到食物和饮用水，营养严重不足。由于医疗设备和物品缺乏，很多本来就身体羸弱的孩子，无法得到救治；孤儿院人满为患，不少在地震中失去双亲的孩子无处可去。

混乱的无政府状态

与汶川大地震背后有中国政府强大支持不同的是，海地在发生地震之前就是一个多灾多难的贫弱国家。2004年海地发生骚乱后，联合国安理会于当年4月30日通过决议，决定建立联合国海地稳定特派团，负责协助这个世界上最不发达国家维持治安。可以想象，这场突如其来的大地震又会

◆地震后人们露宿街头

给早已贫弱不堪的海地人民带来多么大的劫难。海地大地震发生后，美、中、英、法、加等国家均在第一时间派出了自己的救援队伍，之后世界上其他许多国家也都纷纷以不同的方式表达了对海地大地震的关注，联合国秘书长潘基文也迅速赶到海地，考察灾情，呼吁世界各国向这个贫穷国家伸出援助之手。

◆海地地震死伤无数

根据国际组织的最新统计数字，海地地震死亡人数的估计已超过 20 万人，大大超过之前的预期，也远远超过了中国汶川 8.0 级大地震时罹难的数字，堪称 21 世纪之初最大的人类灾难。当然，海地大地震也对中国政府和中国人民造成了很大的心理阴影，8 名优秀的中国维和警察因为这场突如其来的大地震让生命永远地定格在了 2010 年 1 月 13 日。他们在海地牺牲的意义已经远远超过了维和的本身，在中国掀起了一股悲痛和惋惜的民族情怀，也让世界再次看到了中国可敬的背影和力量。

讲解——地震断裂带

断裂带是地震时地面变形的集中之地。断裂带两侧的相对位移，包括水平和垂直位移，在 7.0 级地震中从几十厘米到一两米，跨越断层的房屋，其基础承受不了这么大的位移，房屋因而遭到破坏。所以，在强震中，那些坐落在断裂带上的建筑物全部倒塌，无一幸免。专家在汶川地震灾区考察时看到，龙门山中央断裂和前山断裂的地表破裂或形变带的宽度一般小于 40 米，在这个范围内，各类房屋无论其建筑结构、所用材料、施工质量全部倒塌损毁。

◆海地首都位于恩里基约－芭蕉园断裂带上

遇难人数为何如此悬殊呢

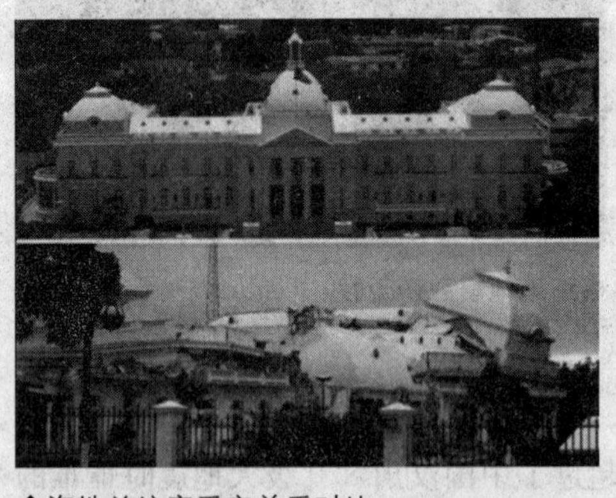

◆海地总统府受灾前后对比

一周之内西半球发生两次强震，2010 年 1 月 9 日那一次 6.5 级，发生在美国北加州枫岱亚市附近，一人未死，受轻伤者不到 40 人。1 月 13 日那一次 7.0 级，发生在加勒比海岛国——海地首都附近，太子港市及其附近多座城镇立刻被毁，就连该国的总统府、议会大厦、联合国驻军总部大楼，以及其他政府部委和监狱等要害建筑皆被震塌，方圆几十千米一片废墟，尸体遍地，成为人间地狱。据统计，死亡超过 20 万人，85%医生丧生，绝大部分政府部长级高官失踪，至少 300 万民众在地震中失去住所。

建筑物缺失抗震能力

◆人们乘坐巴士逃离喧嚣的太子港

海地是西半球最贫穷的国家。长期以来，政局不稳定，治安不好，经济落后，主要依赖国际援助，飓风、洪水等自然灾害时有发生，近 70%的劳动力缺乏正式工作，76%的人生活在贫困线以下，56%的人营养不良，全国只有 20%的居民能用上自来水，成人文盲率近 50%。在这样的穷国，建筑物的抗震设防无从谈起，百姓能有简易房屋住就已经很满足了，何谈建筑质量与抗震能力？就连总统府、国会大厦、联合国维和驻军总部大楼，以及政府部委大楼也都是些外表光鲜的“豆腐渣”工程，在 7 级地震中一震即塌，绝大部分政府部长级高官被埋废墟，失踪或死亡。

沙土液化与地基失效

太子港是个有200万人口的大城市，但是这个城市最初设计只能容纳20万人。后来城市人口剧增，城区盲目扩张，房屋不得不建到附近的山坡上或冲积低洼区内。无论山坡上的风化土还是冲积低洼区内的松散沉积物，空隙度大，内含饱和水，具触变性。在静态情况下，水饱和的沉积物尚具有一定的稳定性，但在地震波的晃动下，这种水饱和的松散沉积物瞬刻失去稳定性，呈现出液态的物理性质（即沙土液化），使得坐落其上的建筑物在流沙中不均匀下沉，造成建筑物倾倒而彻底摧毁。这就是建筑学上所说的场地效应和地基失效。举个例子，把一块方糖放在一碗小米上，然后来回晃碗，方糖很快沉入小米之中。太子港大多数房屋不是建在基岩上，而是坐落在松散沉积物之上，这也是为什么地震中如此众多的楼房倾斜倒塌的重要原因之一。建筑物越大越高（例如政府大楼、医院，大学），由沙土液化造成的地面不均匀沉降而使得建筑物倾斜、倒塌越明显。那些建在半山腰风化土之上和坐落在河岸边的房屋，地震振动使地基连同房屋倾倒后跌落谷底。

◆地震中受灾的贫民区

城市建在断裂带上或附近

海地这个岛国位于北美板块与加勒比板块的主边界上，该边界就是一条巨型的剪切走廊，平均运动速率为2厘米/年。剪切走廊内含三条断裂

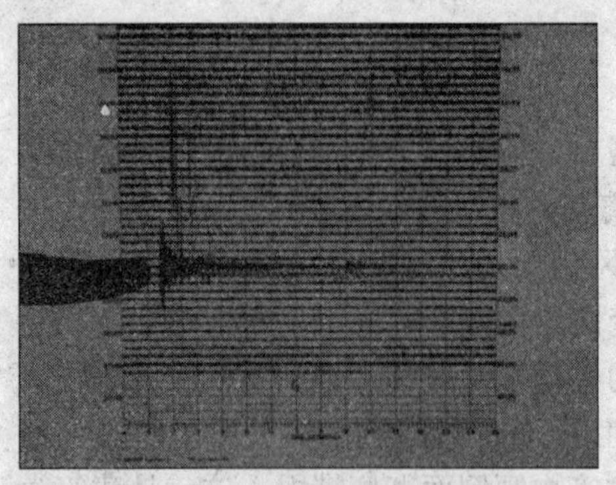
◆在地震波图上可以看到在海地地震后又相继发生了两次 5.9 级和 5.5 级余震

带，最北的一条以走滑一逆冲运动为主，中间和南边两条都是左行走滑为主、逆冲为辅的断裂带海地首都——太子港市正位于南边断裂带——恩里基约—芭蕉园断裂带上。所以，这次海地地震基本上属于直下型地震，震源深度仅为 8～10 千米，故对太子港市破坏性极大。18 世纪中叶同一断裂发生的一次强震曾毁灭过太子港，250 多年之后再次被地震毁灭。人类总是健忘，继续在地震危险性极大的活动断裂带上继续建城市。

点击——向人民的忠诚卫士致敬

◆中国维和警察防暴队全体队员在海地太子港为遇难者送行

2010 年 1 月 13 日，海地首都太子港发生里氏 7 级强烈地震，造成重大人员伤亡和财产损失。正在当地执行维和任务的朱晓平、郭宝山、王树林、李晓明、赵化宇、李钦、钟荐勤、和志虹 8 位中国维和警察不幸遇难，以身殉职。

国务院、中央军委下发命令，追授中国第八支赴海地维和警察防暴队原政治委员李钦、宣传官钟荐勤、联络官和志虹“维和英雄”荣誉称号。他们肩负国家使命，以英勇的实际行动，模范践行了当代中国革命军人的核心价值观，集中体现了中国维和警察牢记宗旨、报效祖国、献身使命的政治本色，用鲜血和生命为国旗、党旗增添了光辉。他们不愧为党和人民的忠诚卫士，不愧为祖国的优秀儿女，不愧为武警官兵的杰出代表，不愧为维护世界和平的英勇战士。

大灾后必有大疫

在地震发生后，由于大量房屋倒塌，下水道堵塞，造成垃圾遍地，污水流溢；再加上畜禽尸体腐烂变臭，极易引发一些传染病并迅速蔓延。历史上就有“大灾后必有大疫”的说法。因此，在震后救灾工作中，认真搞好卫生防疫非常重要。

◆防疫队使用专用消杀车进行防疫消毒

“大灾后必有大疫”这句古训在如今并不一定成立，因为医疗水平的进步，防疫意识的提高和措施的实施，很多传染病都能被遏制。但地震后，因为输水和排水系统的破坏，饮用水短缺，垃圾污水堆积，灾民集中生活，加上心理精神的冲击，身体抵抗能力下降，这些因素都为传染病提供了可乘之机。

从历次地震后的经验看，主要的疾病是和腹泻相关的传染病，在这些腹泻疾病中，主要的是痢疾。预防说起来很简单，就是频繁有效地洗手，但在供水系统被地震破坏后，洗手就不是一件很容易的事情了，不知道人们在运送物资的时候，是否考虑到了，灾区也非常需要消毒纸巾之类的消毒用品。当然也需要对垃圾和污水的消毒处理。

另外，地震后还有一些其他疾病容易造成流行，例如结核杆菌感染，主要是肺结核，肝炎的流行等等，在之后的一段时间，医疗工作者们的工作应该逐步成为非常重要的环节。

搞好食品卫生很重要。要派专人对救灾食品的储存、运输和分发进行监督；救灾食品、挖掘出的食品应检验合格后再食用。对食堂、营业性饮食店要加强检查和监督，督促做好防蝇、餐具消毒等工作。还要管好厕所和垃圾。震后因厕所倒塌，人们大小便无固定地点；垃圾与废墟分不清，蚊蝇孳生严重。所以震后应有计划地修建简易防蝇厕所，固定地点堆放垃圾，并组织清洁队按时清掏，运到指定地点统一处理。

小知识

次氯酸钠广泛用于包括自来水、中水、工业循环水、游泳池水、医院污水等等各种水体的消毒。次氯酸钠还能够破坏氰根离子和苯环等，用作处理含氰废水和一些工业重度污染废水的高级氧化。

应该积极消灭蚊蝇。蚊蝇是乙型脑炎、痢疾等传染病的传播者。消灭蚊蝇，不仅要大范围喷洒药物，还要利用汽车在街道喷药，用喷雾器在室内喷药，不给蚊蝇留下孳生的场所。在有疟疾发生的地区，要特别注意防蚊。晚上睡觉要防止蚊子叮咬。如果发现病人突然发高热、头痛、呕吐、脖子发硬等症状，就要想到可能得了脑炎，赶快找医生诊治。

地震灾区的每一位公民，在抗震救灾期间，都应力求保持乐观向上的情绪，注意身体健康，加强身体锻炼。应根据气候的变化随时增减衣服，注意防寒保暖，预防感冒、气管炎、流行性感冒等呼吸道传染病。老人和儿童要特别注意防止肺炎。冬季应注意头部和手、脚的保暖，防止冻疮；夏季要多饮凉开水，吃一些咸菜，补充体内因大量出汗而损失的盐分和水分，预防中暑。

1. 海地地震发生在什么时候呢？发生在哪一个城市？
2. 为什么海地地震遇难人数如此之多？
3. 为什么地震后防疫工作很重要？如何进行防疫？
4. 在海地地震中，中国人民作出了哪些贡献？有几位同志在海地地震中以身殉职？

让我们紧紧携手——抗击 2008 冰雪灾害

2008 年一场遍及南方大部分地区的持续雨雪和冰冻天气，令人揪心。但面对冰雪的肆虐，广大党员干部及群众众志成城，谱写了一曲可歌可泣的壮丽诗篇。广大武警官兵、公安干警哪里险情最危险就出现在哪里，哪里受灾群众最需要就战斗在哪里；铁路职工一边全力安置疏导滞留旅客，一边提供细致入微的服务。全国上下都在帮助灾区排查险情，将党的温暖及时送到群众心中。在这场冰雪灾害中始终涌动着一股强大的暖流，让我们感动着、激动着。

不同寻常的 2008 年春节

2008 年从 1 月 10 日开始，一场持续近 1 个月的低温、雨雪冰冻天气袭击了中国南方 19 个省区市，其影响范围之广、所造成的灾害之重为历史罕见，属 50 年一遇，部分地区为百年一遇。此次灾害天气是在全球气候变暖背景下，受拉尼娜极端气候影响所致。

◆2008 年初，我国南方多个省市遭受了严重的冰雪灾害

受灾害影响，中国南方大部分地区交通中断，电力、供水设施遭受重创，春运受阻，群众日常生活受到严重影响。时值春运高峰，南北交通大动脉京珠高速公路广东、湖南段被冰雪覆盖断路，积压了大批车辆，受困者有的长达十几天；广州、杭州等地的火车站大批旅客滞留，许多旅客不得不留在当地过年。几十万解放军和武警战士，数十万警力，18 万电力抢修人员，成千上万名干部群众都紧急行动起来。投入人员之众、物资

之多，为1998年抗洪以来所仅见。

灾害波及21个省（区、市、兵团），因灾死亡107人，失踪8人，紧急转移安置151.2万人，累计救助铁路公路滞留人员192.7万人；农作物受灾面积1.77亿亩（约0.12亿公顷），绝收2530万亩（约168.75万公顷）；森林受损面积近2.6亿亩（约0.17亿公顷）；倒塌房屋35.4万间；因灾直接经济损失1111亿元。其中湖南、贵州、江西、安徽、湖北、广西、四川等省受灾较为严重。

高速公路大分流，打通生命之路

◆京珠高速公路湖南段在冰雪灾害中严重堵塞

如果说京珠高速公路是我国南北交通大动脉的话，那么湖南段就是这条大动脉的“心脏”。全长532千米的京珠高速湖南段贯通南北、连接东西，是华北、华中、华南和西南物资运输的枢纽。一旦这条南北大动脉出了问题，将影响到全国交通的正常运行。

京珠高速公路流量是按每天22500～28400标准车设计的，但建成使用后交通流量一直以年均20%的比率递增。连续10多天的雨雪冰冻，使本已负重不堪的京珠高速公路面临瘫痪危险。2008年1月28日，在京珠高速湖南段最拥堵的衡阳路段，长长的车龙绵延数十千米，虽然沿线都有交警在维持行车秩序，但车辆仍然是在“爬行”。而此时，新一轮的冰雪天气又即将来临。在这种情况下，短时间内打通京珠高速显然无法做到。

为尽快疏散拥挤的车流，开辟“第二通道”势在必行。湖南省政府与广西壮族自治区政府决定两省联手，分流京珠高速南下滞留车辆经由衡枣高速经广西全州绕道进入广东西部。

为了解决司乘人员后顾之忧，湖南、广西两省区宣布，对走“第二通道”的车辆实施不罚款、不卸载、不检查、不收费的“四不政策”，同时由湖南省向每辆车辆补助200元燃油费，将“分流路线图”分发到每一个司乘人员手中。在京珠高速洪市互通处，一条写着“走衡枣、回家早”的大幅宣传标语，一辆辆大型车辆有序通过。沿线所有县市区也动员起来，数十万干部群众日夜不停地在沿路扫雪除冰，确保这条“生命线”畅通。

小知识

冰雪灾害也很可怕

◆植被覆盖度的减少也是冰雪灾害的原因之一

冰雪灾害是一种常见的气象灾害，拉尼娜现象是造成低温冰雪灾害的主要原因。

中国属季风大陆性气候，冬、春季时天气、气候诸要素变化大，导致各种冰雪灾害每年都有可能发生。在全球气候变化的影响下，冰雪灾害成灾因素复杂，致使对雨雪预测预报难度不断增加。

研究表明，中国冰雪灾害种类多、分布广。东起渤海，西至帕米尔高原，南自高黎贡山，北抵漠河，在纵横数千千米的国土上，每年都受到不同程度冰雪灾害的危害。历史上我国的冰雪灾害不胜枚举。1951～2000年，我国范围大、持续时间长且灾情较重的雪灾，就达近10次。

电力“联军”决战郴州

地处南岭与罗霄山脉交错的湖南省郴州市是2008年冰雪灾害最严重的地区之一。从1月13日开始冰雪灾害使郴州电网一度成为一座“孤网”。电力供应中断，使郴州11个县市区、500万人口陷入了黑暗之中，持续时间超过8天。

从电网出现结冰开始，国家电网郴州电业局就全力自救。随后，国家电网以湖南省电力公司为主，又从河南、山东、吉林、江苏等地调集重兵，在人民解放军多军兵种指战员的配合下，拯救电网“孤城”郴州。最终形成了一场有1.27万人爬冰卧雪、数以千计设备和车辆参战的中国电力

◆电线上结冰导致了电线重量负荷过重

◆电杆不堪重负，纷纷倒塌，造成了郴州电力中断

建设史上最大规模的抗冰救电会战。

2008年1月27日，郴州电网与湖南主网所有联系通道断绝，郴州电网由此成为“孤网”，供电负荷从70万千瓦掉到20万千瓦；1月30日晚，郴州城一团漆黑，区域电网宣告崩溃。虽然郴州电网成为“孤网”，但奋战在抢修一线的郴州电力工人却并不孤单。郴州电网崩溃后，湖南省水电安装公司大批施工、技术人员星夜驰援郴州。随后，湖南省电力公司派出的电力抢险调度专家组成指挥机构，进驻郴州抢险现场。国家电网公司的领导来了，河南、山西等兄弟省份派出的“援军”也赶来了。国家电网向郴州调集了300多台350千瓦/台的发电车和柴油机。为了抢修电力“生命线”，抗冰保电勇士爬冰卧雪，除夕夜仍然奋战在抢险一线。为了保证刚刚打通的连接湖南主网通道不再出现险情，勇士们受命两人守护四个铁塔，而每一班要站24小时。冰天雪地里没有任何取暖设备，冻得实在受不了了，他们就在自己守护的铁塔之间慢跑来暖暖身子。

◆电力工人不顾严寒冰冻积极抢修

农历除夕夜，因严重冰灾停电多日的冰雪“围城”郴州，灯，一盏接一盏亮了，很多市民吹灭蜡烛冲出家门，向城市最亮的地方聚集，放鞭炮，素不相识的人也相互握手甚至拥抱，同声欢呼：“来电了，来电了！”

解释——湖南郴州为何成为冰灾寒极?

◆冰雪灾害使郴州许多树木遭受重创

郴州市位于湖南的南部，与广东韶关市交界，纬度位置相对较低，按照气象常识来说，在北半球越往南走，气候越温暖。然而，在这次冰雪灾害中，恰恰相反，湖南冰雪灾害最严重的不是北部的岳阳市，而是南端的郴州市。“南岭静止峰”是造成郴州严重冰雪灾害的罪魁祸首。“南岭静止峰”是气象专家多年来观察到的一个独特气象现象，成因是北下的冷空气和南上的暖湿气流冬季经常在南岭北麓的郴州一带交汇，一旦双方强度势均力敌，就会形成灾难性的冰冻雨雪天气。

每当“南岭静止峰”在郴州一带出现时，由于湖南郴州和宜章处于南岭北麓的峡谷中，东西两旁是海拔一千多米的高山，冷空气容易沉积，很难消除，会使冰灾威力加剧。

2008年初冰雪灾害的成因

◆冷空气和暖湿气流交汇造成了局部的极端气候

2008年冰雪冻雨灾害异常天气状况的形成有它的原因。往年，我国云、贵、川等地的冻雨持续时间不过两三天，远不足以造成灾情。2008年三种异常同时抵达，使长江流域和长江以南地区的灾情举

◆箭头所指就是孟加拉湾暖气流

世瞩目。

异常一：南下冷空气滞留在长江以南。正常年份中，当冷空气入侵我国时，无外乎两种情形：如果冷空气弱，便南下无力，在长江以北地区造成大风降温，有时给我国北方地区带来降雪，而南方则晴暖干燥；如果冷空气强，便迅速越过长江，在长江以南形成雨雪后，持续减弱南下，离开我国境内，到达南海和东南亚。而2008年，从1月10日起，冷空气就不断侵入我国，并滞留在我国南方，造成持续的雨雪天气。

异常二：孟加拉湾暖气流异常强大。早在2007年12月中旬，来自孟加拉湾的暖气流就曾先后在伊朗、伊拉克、科威特施展它的强大影响力，造成罕见的雪暴。之后，它的影响向东移动，2008年1月初到达阿富汗并进入青藏高原，进而影响了孟加拉国。1月10日，暖气流抵达我国长江以南，遭遇北方的强冷空气后，南北两强各不相让，滞留在我国南方，上演了这场已经争斗了20多天的持久“角力”。

◆2008冰雪灾害严重影响了人们的生活和生产

异常三：一个特殊的拉尼娜年。拉尼娜从2007年七八月生成后影响我国，其影响持续到2008年春夏。而这却是一个异常的、偏强的拉尼娜年。按拉尼娜的影响规律，冬季我国南方本应寒冷、干燥，而2008年在我国南方形成的这个多雨雪的拉尼娜年，却是相当罕见的。

三种异常同时抵达，蓄势待发的冰雪冻雨灾害便粉墨登场。与美国、加拿大冻雨灾害区人烟稀少、灾情影响相对较弱不同，我国长江以南正是人口稠密、经济发达的地区，又偏偏赶上从寒假到春节这段全球最大规模

的人口迁移的时间节点，其影响力无形中成倍增加，也更具有戏剧性。从长远影响看，这次多雨雪、异常的拉尼娜年以及它造成的严重灾害，为全球气候变化研究提出了更长远的新的挑战。

◆2008 年冰雪灾害将成为人们永久的记忆

1. 2008 年冰雪灾害主要发生在哪些省份？是多少年难遇的冰雪灾害？
2. 受灾最严重的高速公路是哪一条？
3. 2008 年冰雪灾害受灾最严重的地区是哪里？
4. 此次冰雪灾害的成因是什么？